园林工程施工与园林景观设计

岳海芳　董秀蓉　刘晓东◎著

吉林科学技术出版社

图书在版编目（CIP）数据

园林工程施工与园林景观设计 / 岳海芳，董秀蓉，
刘晓东著. -- 长春：吉林科学技术出版社，2023.3
　　ISBN 978-7-5744-0271-3

　　Ⅰ．①园… Ⅱ．①岳… ②董… ③刘… Ⅲ．①园林—
工程施工②园林设计－景观设计 Ⅳ．①TU986

　　中国国家版本馆 CIP 数据核字(2023)第 082858 号

园林工程施工与园林景观设计

作　　者　岳海芳　董秀蓉　刘晓东
出 版 人　宛　霞
责任编辑　管思梦
幅面尺寸　185 mm×260mm
开　　本　16
字　　数　293 千字
印　　张　13
版　　次　2024 年 7 月第 1 版
印　　次　2024 年 7 月第 1 次印刷

出　　版　吉林科学技术出版社
发　　行　吉林科学技术出版社
地　　址　长春市净月区福祉大路 5788 号
邮　　编　130118
发行部电话/传真　0431-81629529　81629530　81629531
　　　　　　　　　　81629532　81629533　81629534

储运部电话　0431-86059116

编辑部电话　0431-81629518

印　　刷　北京四海锦诚印刷技术有限公司

书　　号　ISBN 978-7-5744-0271-3
定　　价　75.00 元

前　言

园林工程建设是创造人与自然和谐的重要手段，是人类文明的一面镜子，最能反映一个时代的环境需求与精神文化需求。随着城市建设的发展，园林工程建设已成为城市美化的一个重要组成部分。园林工程在城市美化方面发挥着重要作用的同时，在生态和休闲方面也承载着重要的功能。

园林科学是一门集建筑、生物、社会、历史于一体的综合性科学。园林工程主要包括水景、园路、假山、给排水、改造地形、绿化栽植等多项内容，无论哪一项工程，从设计到施工都要着眼于完工后的景观效果，营造良好的园林景观。高水平、高质量的园林工程，是人们高质量生活、工作的基础。通过植树造林、栽花种草，再经过一定的艺术加工所产生的园林作品，完整构建了城市的园林绿地系统；同时，丰富多彩的树木花草及园林小品，则为我们创造了典雅舒适的生活、学习、工作环境。一项优秀的园林工程建设应致力于保护和合理利用自然与人文景观，创造景观优美、生态稳定、反映时代特色和可持续发展的人居环境。

园林景观设计是对艺术的高度体现，其中的植物、水体、假山、群落等都体现出了其艺术价值，营造出高度的艺术氛围。本书首先对园林景观中的土方工程、给排水工程、水景工程、小品工程、绿化工程的施工技术进行了一定的介绍；其次，从园林景观设计的构成要素与设计手法等基本理论入手，对园林景观构建中的主要设计元素进行了深入的分析和研究，主要包括园林建筑与小品设计、园林景观种植设计、园林水景设计等内容。本书将园林景观的设计进行了归纳分类，并对现代园林景观设计的前沿知识做了梳理，使其不仅能对园林设计专业起到课程指导的作用，而且还能对社会上从事园林景观艺术研究和设计的人员起到借鉴作用。

本书在撰写的过程中参考了部分图书及专著，在此向有关作者表示衷心感谢！由于时间仓促以及编者水平有限，书中错误及疏漏之处在所难免，恳请广大读者不吝赐教，在此谨表谢意。

岳海芳　董秀蓉　刘晓东

2022 年 5 月

目 录

第一章 园林土方工程施工

第一节 园林地形识别

地形是园林造景的基本载体，也是体现园林艺术价值的主要场所。同时，园林地形是园林规划设计、概算预算、施工方案的制订依据与基础，是整个园林建设的立足点。可以根据地形高低起伏的变化与走向，因地制宜地设计出美观、大方，且经济成本较低的园林景观。对园林地形有清晰的认识和准确的区分，是学习园林工程的起步内容。

一、园林地形的主要作用

园林地形是园林建设的基础和承载，其地形本身也具有很大的作用。

地形是构成园林景观的基本骨架。建筑、植物、落水等景观常以地形作为依托。地形在平面上起基础作用，在立面上构成园林景观的基础骨架。因此，在设计中必须根据不同的地形特征，合理组织好其他景物要素的设置条件，使地形起到良好的基础和骨架作用。

同时，地形还可以改善小气候。正确利用地形，可采光聚热，在季节风向明显的小地势空间内产生一定的温差和风力变化，形成较为良好的小环境。

此外，园林地形经合理改造可直接进行造景或组景。如利用低地限制空间、利用地形起伏分隔园林空间，制造区域景观特色。

二、地形的基本分类

地形，一般指地表高低起伏的状态。在园林地形中，可以依据不同因素对地形变化进行分类。

（一）按地形坡度分类

在园林景观中，坡度和地面变化与景观表现的关系最为密切。按照不同坡度可把地形分为平地、坡地、山地三大类。

1．平地

平地指区域内坡度小于4%的地形，即人的主观感受上较为平坦的地形。实际上所有地面都有不同程度的坡度存在，绝对平坦的地形是不存在的。

平地对于一般化的人文活动、场地建设或观光游览都是十分适用的。在园林建设中，可广泛用于建造建筑、铺设广场、道路建设、地面绿化等工程项目。所以，现代化园林中必须要有一定范围的平地供建设使用。

2．坡地

坡地指人直观感受较为倾斜的地形。坡地也十分适用于园林建设，可以结合坡地走向进行改造，使景观产生明显的起伏变化，增加园林的生动性、活泼感。但坡地的起伏程度要适度，坡过陡则地表径流速度快，易导致滑坡。一般来说，坡地可根据倾斜程度分为缓坡、中坡、陡坡三种。

（1）缓坡，坡度为4%～10%，可修建活动场地、游憩草坪、疏林草地等，适宜于一般运动和非正规的活动。一般的道路铺设和建筑坐落、植物种植不受地形影响。但缓坡地不宜开辟大面积水体，如确有必要可用不同标高的水体形成高差，丰富水面的层次感。

（2）中坡，坡度为10%～25%，此类地形中植物种植基本不受限制，但道路建筑布设开始受限，建筑须沿等高线布置并结合现状进行地形改造才能修建，且占地面积有限。中坡一般只适用于开设溪流。

（3）陡坡，坡度为25%～50%，其稳定性差，易滑坡甚至塌方。因此，陡坡的地形改造首先要考虑安全问题，可以采用建造护坡、挡墙等加固措施。因土方工程量极大，故陡坡上一般不布置大规模的建筑。如布置道路，可做成攀爬梯道；如须机动车通行，则应顺地形起伏做成盘山道。陡坡地形中只能布置小型水池。此外，陡坡地表土层薄，水土流失严重，植物生存困难，如要进行陡坡绿化，可选用耐瘠薄的树种，将地形改造成小块平地或在石缝隙中种植，也可用机具打出种植穴并覆土种植。

3．山地

相较而言，山地的坡度更大，在50%以上，尤其是石山地的坡度更大。因此，在园林建设中可以利用山地创造出奇、险、雄等造景效果。山地可点缀些亭、廊等小体量的园林建筑。山地中的植物生存条件更为严苛。但加以合理利用，可在悬崖、石壁、石峰顶等突出位置配植形态优美苍劲的松柏等大型观姿乔木，往往能产生特殊的景观效果。

此外，园林建设中还可能存在着坡度约100%的垂直地形，这类地形多通过加装安全护栏、索道等设施作为爬山磴道。

（二）按地形特征分类

1．平坦地形

平坦地形的起伏程度小，难以引起视觉上的变化感，给人以简单、宁静、平和的感觉。

2．凸出地形

地形比周围环境高，视线开阔，具一定的延伸性，空间呈发散状。此类地形既可作为观景之地，还因其地形高处的景物较为突出，故又可作为造景之地。

3．凹陷地形

地形比周围环境低，受凹地标高、脊线、坡面角、树木和建筑高度等影响，视线较封闭，空间呈积聚性。凹陷地可聚集视线，可借此地形精心布置景物，以便游人从高处观赏。

三、园林地形与周边环境

地形设计首先考虑的是充分利用原地形，结合自然地貌展开竖向设计，减少对原有植被的干扰，体现乡土风貌和地表特征。

（一）排水与坡面稳定

地形是由复杂坡面构成的多面体，地表排水和流向由坡面决定，应充分利用自然坡度引导地面径流。

地形过于平坦则易积涝，对植物生长、建筑和道路的基础不利。因此，应利用地形的自然起伏和工程调整，合理规划安排分水汇水线，保证地形有较好的自然排水条件，可及时排水并减少过多的人工修筑。

（二）景观建筑物与地形结合

景观建筑物与地形的结合包括景观建筑，如亭、廊、茶室等与地形的巧妙结合所形成的园林空间；路堤、水系、绿廊与地形综合；历史文化、传统文化、地表真迹与地形的组景。

中国传统园林中的景观建筑，因其体量小、形式多样、体态轻盈、视线通透，是最灵活、最能与自然景观和自然地形相融合的建筑形式。如亭可以设在山顶、山腰、山脚、水边等；廊可跨水、围合空间等；茶室则可以依山傍水、悬臂吊脚等。

（三）植物与地形的结合

园林中可借植物弥补地形缺陷。如以树冠衬托地形轮廓线，使高处不显高，低地不显低；或强化高地、低地特征。一般来说，植物空间地形大致可分为"林下空间""草坪空间"及过渡型的"疏林草地空间"。

（1）林下空间：由高大的乔木树冠遮蔽而成。环境隐蔽、散射光柔和，多作休憩之用。林地空间受限于树木密度、树冠大小和地形起伏。其中，以林下灌木对视线影响较大，可以形成空间的围合、穿插、组合等。同时，树龄增长，树冠也因季节变化而不同。林下密集的矮灌木丛对游人的行为进行了限定，但不影响视线，给人"隔而不断""围而不闭"的直观感受。

（2）草地空间：全开放空间，空间大小由地面和林缘线界定而成。人在草坪，视野开阔，环形景观面更吸引游人聚集。就地形设计来看，关键是草坪和地形的设计，草坪四周景物的安排和整体动势线的节奏动态。

草坪还联系周围景点，共同形成多角度的"全景"。一般来说，草坪要有一个开放面，将周围风景收纳。

（3）林草结合空间：介于上述两者之间，不及草地开敞，但独具半私密空间；同时，疏林草地光影变化多端，呈现扑朔迷离的复杂景观，是一种过渡类型的景观地形。

第二节　园林土方计算

园林建设的首要任务就是进行地形改造。在这个过程中会出现土方的填、挖、平整等工作，这部分工作量的大小和所需资金，是投资预算和施工组织设计等技术文件编制的重要依据。只有掌握土方量的常用计算方法，才能保证土方工程在规划阶段、施工图设计阶段不出现偏差，进而确保土方工程能够按照预算要求顺利开展。

一、土方量计算的作用和分类

土方量一般根据原地形和设计等高线来计算。通过土方量的计算可修订规划设计图中不合理之处；根据土方量计算所得的资料，也是整个项目基建投资预算、施工组织设计等项目的重要依据。

以土方量计算的精确度来说，土方量可分为估算和计算。一般在规划阶段，土方量的计算只做估算即可；在作施工图时，土方工程量则要求尽可能精确。

二、土方体积的计算方法

计算土方体积的方法很多，常用的有体积公式法、断面法、方格网法三种。

（一）体积公式法

在土方施工中，经常会碰到一些类似锥体、棱台等几何形体的地形单体，如山丘、池塘等。这些地形单体的体积，可用形态相近的几何体积公式进行计算。体积公式法简便易行，但精度低，适用于规划方案阶段的土方量估算。

（二）断面法

以平行截面将地形（如山、池、岛等）和土方（如堤、沟渠、路堑、路槽等）分截成"段"，分别计算这些段的体积后，各段累加求出总土方量。此法的精确度取决于截取断面的数量，断面越多越精确。

断面法根据取断面的方向不同，分垂直断面法和水平断面法（或等高面法）。

1. 垂直断面法

此法多用于带状类型土方，如带状山体、水体、沟、堤、路堑、路槽等纵横向坡度有规律变化的园林地形土方量计算。计算公式如下：

$$V = \frac{(S_1 + S_2) \times L}{2} \qquad (1-1)$$

式中　V——相邻两断面的挖、填方量（m^3）。

S_1——截面1的填、挖方面积（m^2）。

S_2——截面2的填、挖方面积（m^2）。

L——相邻两截面间的距离（m）。

截面法可以用在地形变化较大位置，这种方法的精确度取决于截断面的数量，如地形复杂，要求计算精度较高时，应多设截断面；地形变化小且变化均匀，要求仅做初步估算，截断面可以少一些。

2. 等高面法（水平断面法）

等高面法是沿等高线取断面，等高距即为两相邻断面的高，计算方法同断面法。

等高面法适于大面积自然山水地形的土方计算。

无论是垂直断面法还是等高面法，因不规则断面面积的计算工作烦琐，故还可以借助以下方式来计算：

求积仪法：用求积仪进行测量，此法较为简便精确。

方格纸法：把方格纸蒙在图上，通过数方格网数，再乘以每个方格的面积即可。此法方格网越密，其精度越高。

（三）方格网法

地形改造除挖湖堆山外，还有许多大小不同的各类地坪、缓坡等平整场地的工作。即将高低不平、比较破碎的地形按设计要求整理成为平坦的且具一定坡度的场地，如停车场、集散广场、体育场、露天演出场等。计算这类地块的土方最适宜用方格网法。

方格网法是把平整场地的设计工作和土方量计算工作结合在一起进行的。基本工序如下。

1. 划分方格网

在附有等高线的施工现场地形图上作方格网控制施工现场，方格边长数值取决于要求的计算精度和地形复杂程度。在地形相对平坦的地段，方格边长一般采用 20～40m；地形起伏较大的地段，方格边长可采用 10～20m。

2. 填入原地形标高

在地形图上求出各角点的原地形标高，或把方格网各角点测设到地面上，同时测出各角点的标高，并标记在图右下方。当方格交叉点不在等高线上就要用插入法计算出原地形标高。

公式如下：

$$H_x = H_a \pm \frac{xh}{L} \qquad\qquad (1-2)$$

式中　　H_x——角点原地形标高（m）。

H_a——位于低边的等高线高程（m）。

x——角点到低边等高线的距离（m）。

h——等高距（m）。

L——相邻等高线之间最小距离（m）。

插入法求高程通常有以下三种情况：

（1）待求点标高 H_x 在两条等高线之间：$H_x = H_a + \dfrac{xh}{L}$。

（2）待求点标高 H_x 位于低边等高线 H_a 下方：$H_x = H_a - \dfrac{xh}{L}$。

（3）待求点标高 H_x 位于高边等高线 H_b 上方：$H_x = H_b + \dfrac{xh}{L}$。

3. 填入设计标高与施工标高

根据设计平面图上相应位置的标高情况，在方格网点的右上角填入设计标高。

施工标高＝原地形标高－设计标高；其中，施工标高数值为"＋"表示挖方、"－"表示填方。施工标高数值填在方格网的左上角。

4．求填挖零点线

零点是指不挖不填的点，零点的连线为零点线；它是挖方和填方区的分界线，因而零点线成为土方计算的重要数据之一。若相邻两角点的施工标高值分别为"＋"和"－"，则两者间有零点存在，其位置可用下式求得：

$$x = \frac{ah_1}{h_2} + h_2 \qquad\qquad (1-3)$$

式中　x——零点距 h_1 一端的水平距离（m）。

$h_1，h_2$——方格相邻两点的施工标高绝对值（m）。

a——方格长（m）。

三、土方的平衡与调配

（一）土方平衡与调配的作用

土方的平衡与调配是指计算出土方的施工标高、填方区和挖方区的面积及其土方量的基础上，划分出土方调配区的土方量和土方的平均运距，确定土方的最优调配方案，给出土方调配图。

土方平衡调配工作是地形工程设计（或土方规划设计）的一项重要内容，其目的在于使土方运输量或土方成本为最低的条件下，确定填方区和挖方区土方的调配方向和数量，从而达到缩短工期和提高经济效益的目的。

（二）土方调配的原则

土方调配时，要充分考虑工程情况、进度要求、施工方法及分期分批的土方堆放与调运问题，确定平衡调配的原则后，方可着手进行土方的平衡与调配工作。土方的平衡调配原则主要有：

（1）与填方基本达到平衡，减少倒运。

（2）挖方量与运距的乘积之和尽可能最小，即总土方运量或运费最小。

（3）分区调配与全场调配相协调，避免只顾局部平衡，而破坏全局平衡。

（4）好土用在回填密度较高的地区，避免出现质量问题。

（5）土方调配应与地下构筑物施工相结合，有地下设施的填土，应留土后填。

（6）选择恰当调配方向、运输路线、施工顺序，避免运输出现对流和乱流现象，同时便于机具调配和机械化施工。

（7）取土或去土尽量不占用破坏园林绿地。

（三）土方平衡调配步骤

1．划分调配区

在平面图上画出挖方区和填方区的分界线，并在挖方区和填方区画出若干调配区，确定调配区的大小和位置，划分时注意以下几点：

（1）划分应考虑开工及分期施工顺序。

（2）调配区大小应满足土方施工使用的主导机械的技术要求。

（3）调配区范围应和土方工程量计算使用的方格网相协调，可由若干个方格组成一个调配区。

（4）若土方运距较大或场地内土方调配无法平衡，可就近借土或弃土。

2．计算各调配区土方量

根据已知条件计算出各调配区的土方量，并标注在调配图上。

3．计算各调配区之间的平均运距

平均运距指挖方区土方重心与填方区土方重心之间的距离。一般可用作图法近似求出调配区的重心位置，并在图上标识，再用比例尺量出每对调配区的平均运输距离。

4．确定土方最优调配方案

用"表上作业法"求解，使总土方运量为最小值（即最优调配方案）。

5．绘出土方调配图

根据以上计算标出调配方向、土方量运距（平均运距再加上施工机械前进、倒退和转弯所必需的最短长度）。

第三节　土方施工技术

园林建设，必先动土。土方施工是基础性工程，通过土方施工来对园林地形加以设计改造。在整个园林工程建设中，土方工程是一项比较艰巨的工作，也是影响园林工程造价的重要因素之一。运用科学合理的土方施工技术，选择适当的土方施工形式，并做出合理的土方调配方案，不仅能保证施工质量，也能保证工程进度，尤其是冬雨期的施工作业。土方工程施工的速度与质量会直接影响其他后续的园林工程，因此必须重视土方工程的施工。

一、土方施工准备

园林土方工程，根据其使用期限和施工要求，分永久性和临时性土方工程。无论哪种性质的工程，都要求具有足够的稳定性和密实度，工程质量和艺术造型都应符合原设计的要求；施工过程要遵循技术规范和设计要求，以保证工程质量稳定和持久。

土方工程施工的准备工作大体上包括以下两个方面的内容。

（一）土方工程的基本准备

1.全面研究核对施工图

检查设计图、资料是否齐全，核对平面尺寸和标高，图纸相互间有无错误和矛盾冲突；熟悉和掌握设计内容及各项技术要求，了解工程规模、特点以及工程量和质量要求；熟悉土层地质、水文勘察资料；审核施工图纸，搞清建设场地范围与周围地下设施管线的关系；制定开挖和回填程序，明确各专业工序间的配合关系、施工工期要求，并向参加施工的人员进行技术交底。

2.勘察施工现场

摸清现场情况，收集工程资料（场地地形、地貌、地质、水文、河流、气象、运输道路、植被、地下基础、管线、电缆坑基、防空洞、地面上施工范围内的障碍物和堆积物状况等），了解水电、通信情况，防洪排水系统等，以便为施工规划和准备提供可靠的资料和数据。

3.编制施工方案

确定场地平整、土方开挖施工方案；绘制施工总平面布置图和土方开挖图，确定开挖路线、顺序、范围、地面标高、边坡坡度、排水沟水平位置，以及挖去的土方堆放地点；提出需用施工机具、劳力，推广新技术计划；深开挖还应提出支护、边坡保护和降水方案等。

4.修建临时设施和道路

（1）临时设施的修建。根据土方和基础工程规模、工期、施工安排等，修建临时性生产和生活设施，如工具库、材料库、油库、机具库、修理棚、炊炉棚等，同时铺设水电管线等，并进行调试等。

（2）临时道路的修建。根据机械进场和土方运输需要，修筑施工场地内的临时道路，主要临时道路宜结合永久性道路的布置修筑；道路的坡度、转弯半径应符合安全要求，两侧应做排水沟。

（3）机具和物质的准备。做好设备调配，对进场挖掘、运输车辆及各种辅助设备进行维修检查、试运转，并运至使用地点就位；准备好施工用料及工程用料，按施工平面图要求堆放。

（4）人员和质量体系的准备。组织并配备土方工程施工所需各专业技术人员、管理人员和技术人工；组织安排作业班次；制定和建立较为完善的技术岗位责任制度和技术、质量、安全、管理网络体系等。

（二）施工场地清理

1．清理场地

在施工范围内，凡有碍工程开展或影响工程稳定的地面（地下）物均应清理，保证土方施工的正常开展。

（1）建筑物和构筑物的拆除：无利用价值或无须保留的所有地上、地下的建筑物和构筑物，如电杆、电线、塔架、管线、坟墓、沟渠、房屋、基础等，在土方施工前均应拆除掉。

拆除时，遵循现行《建筑工程安全技术规范》的规定，根据其结构特点，按照一定的次序操作。可用镐、铁锤进行人工拆除，也可使用推土机、挖土机等大型机具设备。场地内须保留和利用的建筑物、构筑物等应采取有效的防护加固措施或予以搬迁。

（2）伐除树木：影响施工且无利用价值的树木，经园林主管部门批准后可进行伐除；凡土方开挖深度小于50cm，或填方高度较小的土方施工，施工现场及排水沟中的树木须连根拔除；清理树蔸除用人工挖掘外，直径在50cm以上的大树还可用推土机铲除或用爆破法清除。大树一般不得伐除，对施工场地内的名木古树或大树以及对施工有一定影响但又有利用价值的树木，应尽量设法保留或进行移植，可以请建设或设计单位修改设计规划图，以便保护古树名木或高价值树木。

（3）其他：在施工场地内的地面、地下和水下发现有管线或其他异常物体时，应请有关部门协同查清。未查清前，不可动工，以免发生危险或造成其他损失。

2．平整场地

按设计或施工要求范围和标高平整场地，将废弃土方置于规定区域；对有用的表土进行剥离和保存；影响工程质量的软弱土层、淤泥、腐殖土、大卵石、孤石、垃圾、树根、草皮及不宜回填的稻田湿土、冻土等，分情况全部挖除或设排水沟疏干，或用抛填块石、砂砾等方法进行妥善处理。

二、土方施工现场排水

场地积水阻碍施工，且影响工程质量。因此施工排水是土方施工必不可少的环节之一，主要包括排除施工现场的地面水和降低地下水位。

（一）排除地面积水

施工前，根据场地地形特点，在场内设临时或永久性排水沟，将地面积水排走或汇集到低洼处，再设水泵排走；也可以疏通原有排水系统，使场地内排水通畅，且场外水也不致流入。

在低洼或挖湖施工时，为了排水通畅，排水沟纵向坡度一般不小于 2%，边坡值为 1：1.5，沟底宽及沟深不小于 50cm，必要时还应加筑围堰或设防水堤。在山坡地区施工时，须在离边坡上沿 5~6m 处设置截水沟、排洪沟，阻止坡顶雨水流入开挖基坑区域内，或在需要的地段修筑挡水堤坝阻水。

（二）排除地下水

地下水位高的施工区域、河地湖底挖方时，均应考虑地下水的排除。可根据土层渗透情况、降水深度、设备及工程特点等来选定经济合理的排水方式。

（1）明沟排水：利用明沟将地下水引至集水井，再用水泵排出，此法简单经济。一般是按排水面积和地下水位高度设置排水系统，先定出主干渠和集水井的位置，再定支渠的位置和数目。土壤含水量大且要求排水迅速的，支渠分布应密集些，间距约 1.5m。反之可疏些。

挖湖施工中，应先挖排水沟，排水沟深度要深于水体的开挖深度，沟可一次挖掘到底，也可依施工情况分层下挖，具体采用哪种方式应根据出土方向而定。

在开挖沟槽过程中，为防止因地下水造成的沟槽受损等现象，施工方案必须选定合适的施工排水方法，同时要严密观察，保护邻近建筑物的安全。采用机械在槽（坑）内挖土时，应使地下水位降至槽（坑）底面 0.5m 以下方可开挖土方，且降水作业应持续到回填完毕。

（2）降低地下水位：根据土层渗透力、降水深度、设备条件及工程特点等选择大口径井、轻型井点、电渗井点等方法降低地下水位。

三、土方施工的定点放线

清理场地后，为了确定挖土标高及施工范围，应按设计图纸的要求，在施工现场进行定点放线工作；为了使施工充分表达设计意图，测设时应尽量精确。土方施工类型不同，其定点放线的方法也不同。

（一）测设控制网

大中型的园林施工场地，为确保设计意图准确表达，要先开展控制网的测设工作。根据给定的国家永久性控制点的坐标，按施工总平面要求引测到现场，在工程区域内设置控制网，包括控制基线、轴线和水平基准点，并做好轴线控制的测量和校核。控制网要避开建筑物、构筑物、土方机械操作及运输线路，并有保护标志；场地平整应设（10～40）m×（10～40）m的方格网，在各方格网点上做控制桩，并测出各控制桩的自然地形标高（原地形标高），作为计算挖、填土方量和施工控制的依据。对建筑物应做定位轴线的控制测量和校核。灰线、标高、轴线应进行复核无误后，方可进行场地的平整和开挖。

（二）平整场地的放线

平整场地的工作是将原来高低不平、比较破碎的地形按设计要求整理成为平坦的具有一定坡度的场地，如停车场、集散广场、体育场等。对土方平整工程，一般采用方格网施工放线。将方格网放样到地上，在每个方格网交点处立桩木，桩木上应标有桩号和施工标高。木桩一般选用长5～40cm的木条，侧面须平滑，下端削尖，以便打入土中。桩上的桩号与施工图上方格网的编号相一致，施工标高中挖方注上"+"号，填方注"–"号。

在确定施工标高时，由于实际地形可能与图纸有出入，因此，如所改造地形要求较高，则放线时用水准仪测量各点标高，以重新确定施工标高。

四、土方施工的基本内容

土方工程施工内容包括挖、运、填、压四个方面，其施工方法根据场地条件、土方工程规模大小、施工现场的状况、施工条件等因素来决定，可分别采用机械施工、人力施工或半机械化施工（人工+机械）的方法。

在现代园林土方工程施工中，规模较大、工程量较集中的土方工程，为加快工程施工进度，降低工程造价，常采用机械施工方法；对一些工程量小、施工点分散的土方工程，或因受场地限制等不便使用机械施工的地段，应采用人力施工方法或半机械（人工+机械）施工方法。

五、冬雨期的土方施工

（一）雨期施工

大面积土方工程施工应尽量在雨季前完成。如要在雨期施工，则必须掌握当地的气象变化，从施工方法上采取积极措施。

（1）在雨期施工前要做好必要的准备工作。雨期施工中特别重要的问题是要保证挖方、填方及弃土区排水系统的完整和通畅，并在雨季前修成；对运输道路要加固路基，提高路拱，路基两侧要修好排水沟，以利泄水；路面要加铺炉渣或其他防滑材料；并要有足够的抽水设备。

（2）在施工组织与施工方法上，可采取集中力量、分段突击的施工方法，做到随挖随填，保证填土质量。也可采取晴天做低处，雨天做高处的施工安排。在挖土到距离设计标高 20~30cm 时，预留垫层或基础施工前临时再挖。

（二）冬期施工

在入冬土壤冻结后，土方施工十分困难，因此首先要尽量避免冬期施工。如确有必要，则采取冬期施工技术方法。

1. 冬期的土方开挖

（1）机械开挖：冻土在 25cm 以内的土壤，可用 0.5~1.0m³ 单斗挖土机直接施工，或用大型推土机和铲运机等综合施工。

（2）松碎法：分人工与机械两种。人工松碎法，适于冻层较薄的砂质土壤、砂黏土及植物性土壤等。较松土壤中用撬棍，较坚实土壤用钢锥。在施工时，松土应与挖运密切配合，当天松破的冻土应当天挖运完毕，以免再度遭受冻结。

（3）爆破法：适用于松解冻结厚度超过 0.5m 的冻土，此法施工简便，工作效率高，但在施工中应特别注意保护施工人员安全。

（4）解冻法：常用的方法有热水法、蒸汽法和电热法等。

2. 冬季土方施工的运输与填筑

冬季的土方运输应尽可能缩短装运与卸车时间，运输道路上的冰雪应加以清除，并按需要在道路上加垫防滑材料，车轮可装设防滑链，在土壤运输时必须覆盖保温材料以免冻结。

为保证冬季回填土不受冻结或少受冻结，可在挖土时将未冻土堆放在一处，就地覆盖保温，在冬季前预存部分土壤，保温储存，以备回填之用。

冬季回填土壤，除应遵守一般土壤填筑规定外，还应特别注意土壤中的冻土含量问题，除房屋内部及管沟顶部以上 0.5m 以内不宜用冻土回填外，其他工程允许冻土的含量应视工程情况而定，一般为 15%～30%。

在回填土时，填土上的冰雪应清除，对大于 15cm 厚的冻土应予以击碎，再分层回填，碾压密实，并预留下沉高度。

六、土方施工的质量控制要点

（一）挖方工程质量控制要点

1. 质量保证项目

如柱坑、基坑、基槽和管道基底的土质必须符合设计要求，严禁扰动。

2. 常见质量问题

（1）基底超挖

开挖基坑（槽）或管沟均不得超过基底标高。如个别地方超挖时，应取得设计单位的同意，不得私自处理。

（2）软土地区桩基挖土应防止桩基位移

在密集群桩上开挖基坑时，应在打桩完成后，间隔一段时间再开始对称式挖土；在密集桩附近开挖基坑（槽）时，应事先确定预防桩基位移的措施。

（3）基底未保护

基坑（槽）开挖后，应尽量减少对基土的扰动。如基础不能及时施工时，可在基地标高上留出 0.3m 厚的土层，待做基础时再挖掉。

（4）施工顺序不合理

土方开挖宜先从低处进行，分层、分段依次开挖，形成一定坡度，以利排水。

（5）施工机械下沉

施工时必须了解土质和地下水位情况。推土机、铲运机一般需要在地下水位 0.5m 以上推铲土；挖土机一般需要在地下水位 0.8m 以上挖土，以防机械自重下沉。正铲挖土机挖方的台阶高度，不得超过最大挖掘高度的 1.2 倍。

（6）开挖尺寸不足，边坡过陡

基坑（槽）或管沟底部的开挖宽度，除结构宽度外，应根据施工需要增加工作面宽度。如排水设施、支撑结构所需的宽度在开挖前均应考虑。

（7）基坑（槽）或管沟边坡不直不平，基底不平

应加强检查，随挖随修，并要认真验收。

（二）填方工程质量控制

1. 质量保证项目

基底处理必须符合设计要求或施工规范的规定。回填的土料必须符合设计或施工规范的规定。回填土必须按规定分层夯实。取样测定夯实后的干土质量密度合格率不应小于90%，不合格的干土质量密度的最低值与设计值的差不应大于 $0.08g/m^3$，且不应集中。环刀取样的方法及数量应符合规定。

2. 检查质量问题

（1）未按要求测定干土质量密度：回填土每层都应测定夯实后的干土质量密度，符合设计要求后才能铺摊上层土。试验报告要注明土料种类、试验日期、试验结论及试验员签字。未达到要求的部分，应有处理方法和复验结果。

（2）回填土下沉：虚铺土超过规定厚度、冬期施工时有较大冻土块、夯实次数不足，甚至漏夯；回填基底有杂物或落土清理不净；冬期做散水，施工用水渗入垫层中，受冻膨胀等造成。因此，应在施工中认真执行规范的有关各项规定，并要严格检查，发现问题及时纠正。

（3）管道下方夯填不实：管道下部应按标准要求填夯回填土，如果漏夯会造成管道下方空虚，造成管道折断而渗漏。

（4）回填土夯实不密：在夯压时应对干土适当洒水加以润湿，如回填土太湿同样夯不密实，呈"橡皮土"现象，这时应将"橡皮土"挖出，重新换好土再予夯实。

（5）在地形、工程地质复杂地区内的填方，且对填方密实度要求过高时，应采取措施（如排水暗沟、护坡桩等），以防填方土粒流失，造成不均匀下沉和坍塌等事故。

（6）填方基土为杂填土时，应按设计要求加固地基，并要妥善处理基底下的软硬点、空洞、旧基础以及暗塘等。

（7）回填管沟时，为防止管道中心位移或损坏管道，应用人工先在管道周围填土夯实，并应从管道两边同时进行，直至管顶0.5m以上，在不破坏管道的情况下，方可采用机械回填和压实。在抹带接口处、防腐绝缘层或电缆周围应使用细粒土料回填。

（8）土方应按设计要求预留沉降量，如设计无要求时，可根据工程性质、填方高度、填料种类、密实要求和地基情况等与建设单位共同确定（沉降量一般不超过填方高度的3%）。

（三）土方压实工程质量控制

1．密实度要求

填方的密实度要求通常以压实系数 λ_c 表示，该系数是最大干密度的相应含水量为最优含水量时，通过标准的夯实方法确定的。密实度要求一般是由设计者根据工程结构性质、使用要求以及土的性质确定的。

2．土壤含水量控制

为保证土壤的压实质量，土壤应具有最优含水量。表层土太干时，应洒水湿润后，才能继续回填，以保证上、下层结合良好；在气候干燥时，应加快挖土、运土和碾压的速度，以减少土壤水分的散失；当填料为碎石类土（充填物为砂土）时，碾压前应充分洒水湿透，以提高压实的效果。

3．铺土厚度和压实遍数

填土每层铺土厚度和压实遍数，应根据土的性质、设计要求的压实系数和使用的压（夯）实机具的性能而定，一般应先进行现场碾（夯）压试验，而后再确定。

4．注意质量问题

（1）自边缘向中心打夯，否则边缘土方外挤易引起坍落。

（2）打夯应先轻后重。先轻打一遍，使土中细粉受振落下，填满下层土粒间的空隙；然后加重打夯，夯实土壤。

七、土方挖掘技术要求

（一）土方开挖施工要求

（1）挖方边坡坡度应根据使用时间（临时性或永久性）、土的种类、土的物理力学性质（内摩擦角、黏聚力、密度、湿度）、水文情况等确定。对于永久性场地，挖方边坡坡度应按设计要求放坡，如设计无规定，应根据工程地质和边坡高度，结合当地实践经验确定。

（2）如软土土坡或极易分化的软质岩石边坡，应对坡脚、坡面采取喷浆、抹面、嵌补、砌石等保护措施，并做好坡顶、坡脚排水，避免在影响边坡稳定的范围内积水。

（3）挖方上边缘至土堆坡脚的距离，应根据挖方深度、边坡高度和土的类别确定。当土质干燥密实时，不得小于 3m；当土质松软时，不得小于 0.5m。在挖方下侧弃土时，应将弃土堆表面整平低于挖方场地标高并向外倾斜，或在弃土堆与挖方场地之间设置排水沟，防止雨水排入挖方场地。

（4）施工者应有足够的工作面，一般人均 4~6m²。

（5）开挖土方附近不得有重物及易塌落物。

（6）在挖土过程中，随时注意观察土质情况，注意留出合理的坡度。若须垂直下挖，松散土不得超过 0.7m，中等密度者不超过 1.25m，坚硬土不超过 2m。超过以上数值时须加支撑板，或保留符合规定的边坡。

（7）挖方工人不得在土地下向里挖土，以防塌方。

（8）施工过程中必须注意保护基坑、龙门板及标高桩。

（9）开挖前应先进行测量定位，抄平放线，定出开挖宽度，按放线分块（段）分层挖土。根据土质和水文情况，采取在四侧或两侧直立开挖或放坡，以保证施工操作安全。当土质为天然湿度、构造均匀、水文地质条件良好（即不会发生坍滑、移动、松散或不均匀下沉）且无地下水时，挖方深度不大时，开挖亦可不必放坡，采取直立开挖不加支护，基坑宽应稍大于基础宽。超过规定深度但不大于 5m 时，应根据土质和施工具体情况进行放坡，以保证无塌方。放坡后坑槽上口宽度由基础底面宽度及边坡坡度来决定，坑底宽度每边应比基础宽出 15~30cm，以便于施工操作。

（二）人力挖方

人力挖方适宜于一般园林建筑、构筑物的基坑（槽）和管沟以及小溪流、假植沟、带状种植沟槽和小范围整地的土方工程等。

（1）主要施工机具：尖、平头铁锹，手锤，手推车，梯子，铁镐，撬棍，钢尺，坡度尺，小线或钢丝等。

（2）人力挖方的施工流程：确定开挖顺序和坡度→确定开挖边界与深度→分层开挖→修整边缘部位→清底。

（3）人力挖方施工要求：人力挖方施工要有足够的工作面，人均 4~6m²，两人操作间距应大于 2.5m。在开挖地段附近不得有重物及易坍塌落物，挖方不得在土地下进行，以防塌方。

在挖方施工中一般不垂直向下挖得很深，随时注意观察土质情况，要根据土质的疏松或密实情况确定合适边坡坡度的大小；必须垂直向下挖土的，则在松土情况下挖深不超过 0.7m，中密度的土质不能超过 1.25m，坚硬土挖深不得超过 2m；超过上述标准的，均须加支撑板或留出足够的边坡。

岩石地面的挖方施工，一般要先行爆破，将地表一定厚度的岩石层炸裂为碎块，再进行挖方施工。爆破施工时，要先打好炮眼，装上炸药雷管，再清理施工现场及其周围地带，确认爆破区安全后，才开始作业。

遇相邻场地基坑开挖时，应遵循先深后浅或同时进行的施工程序。挖土应自上而下水平分段分层进行，每层30cm左右；边挖边检查坑底宽度及坡度，不够时及时修整，每300m左右修一次坡，至设计标高，再统一进行一次修坡清底，检查坑底宽和标高。要求坑底凹凸不超过1.5cm。在已有建筑物侧挖基（槽）应间隔分段进行，每段不超过200cm，相邻段开挖应待已挖好的槽段基础完成并填夯实后进行。

尽量防止扰动地基土，如人工挖方，基坑（槽）挖好后不能立即进行下道工序时，应预留15~30cm的一层土不挖，待下道工序开始前再挖至设计标高。

在地下水位以下进行挖方施工时，应在基坑（槽）四侧或两侧挖好临时排水沟和集水沟，将水位降低至坑槽底以下50cm。排水工作应持续到施工完成（包括地下水位下回填土）。

土方开挖一般不宜在雨季进行，如必须进行施工，则应控制施工工作面，工作面不宜过大，应分段、逐片地分期完成；同时，雨季挖方还应注意边坡的稳定，必要时可适当放缓边坡或设置支撑，并应在施工区域外侧围以土堤或开挖水沟，防止地面水流入，施工时加强对边坡、支撑、土堤等的检查。

土方开挖一般不宜在冬季施工，尤其是在有冰冻的地区，如必须在冬季施工时，其施工方法应按冬季施工方案进行。开挖基坑（槽）或管沟时，必须防止基础下的基土遭受冻结，如基坑（槽）开挖完毕后有较长的停歇时间，应在基底标高以上预留适当厚度的松土或用其他保温材料覆盖，避免地基受冻；如遇开挖土方引起邻近建筑物或构筑物的地基和基础暴露时，也应采取防冻措施，以防产生冻结破坏。采用防止冻结法开挖土方时，可在冻结前用保温材料覆盖或将表层土翻耕耙松，其翻耕深度应根据当地气候条件确定，一般不小于30cm。

挖土施工中必须随时保护基桩、龙门板或标杆，以防损坏。

（三）机械挖方

机械挖方适宜于较大规模的园林建筑、构筑物的基坑（槽）和管沟以及园林中的河流、湖泊、大范围整地的土方工程等。

1. 主要施工机械

挖土机、推土机、铲运机、自卸汽车等。

2. 机械挖方施工要求

在机械作业之前，技术人员应向机械操作人员进行技术交底，使其了解施工场地的情况和施工技术要求，并对施工场地中的定点放线情况进行深入了解，熟悉桩位和施工标高等，对土方施工做到心中有数。

施工现场布置的桩点和施工放线要明显，由于机械挖方施工作业范围大，为引起施工人员和机械手的注意，要将桩点和施工放线标记明显，可适当加高桩木的高度，在桩木上做出醒目的标志或将桩木漆成显眼的颜色；在施工期间，施工技术人员应和机械手密切配合，随时随地用测量仪器检查桩点和放线情况，以免挖错位置。

因原地面表土土质疏松肥沃，适于种植园林植物，所以在挖方工程施工中，对地面50cm厚的表土层（耕作层）挖方时，要先用推土机将施工地段的这一层表面熟土推到施工场地外围，待地形整理停当，再把原表土回铺。

开挖有地下水的土方工程时，应采取措施降低地下水位，一般降至开挖面下50cm才能开挖。

夜间挖方施工时，保证足够的照明，危险地段应设明显标志，防止错挖或超挖。

施工机械进入现场所经过的道路、桥梁、卸车设施等，应事先经过检查，必要时进行加固或加宽等准备工作，以保证施工道路、桥梁安全。在机械施工无法作业的部位和修整边坡坡度、整理槽底等，应人工进行。

基坑（槽）和管沟开挖，不得挖至设计标高以下。采用机械开挖基坑（槽）或管沟时，如不能准确挖至设计基底标高，应在设计标高以上暂留一层土不挖，以便在找平后由人工挖出。

在进行湖塘开挖工程时，要保护好施工坐标桩和标高桩。湖塘的土方工程因湖塘水位、深度变化比较一致，放水后水面以下部分一般不会暴露，因此湖塘底部只要挖到设计标高处，并将湖底地面推平即可。但对湖塘岸线、岸坡施工要求准确，可用边坡样板来控制边坡坡度的施工。

八、土方转运的要求

在土方调运中，一般都按照就近挖方和就近填方的原则，力求土方就地平衡，以减少土方的搬运量。土方的运转是挖方工程和填方工程之间的联系纽带，它的运转情况对挖方和填方都有影响。

（一）土方转运方式

土方转运分为人工运土和机械运土两种方式。人工运土一般是短途的小搬运。搬运方式有用人力车拉、用手推车推或由人力肩挑背扛等。这种运输方式在某些园林局部或小型施工中经常使用。长距离运土或工程量很大的运土通常需要机械运输，运输工具主要是装卸机和汽车。根据工程施工特点和工程量大小等不同情况，还可采用半机械化与人工相结合的方式运土。

（二）土方转运施工要求

（1）组织土方转运的关键是运输路线的组织，充分考虑运输路线的安排、组织，尽量使路线最短，以节省运力。转运路线一般采用回环式道路，避免相互交叉。

（2）应有专人指挥土方的装卸，能够做到装、卸土位置准确，运土路线顺畅，避免混乱和窝工。

（3）长距离转运土方须经过城市街道时，车厢不能装载得太满；驶出工地之前应将车轮的泥土清除干净，不得在街道上撒落泥土。

九、土方的回填工作

填方时必须根据填方地面的功能和用途，选择合适土质的土壤和施工方法。如作为建筑用地的填方区，则以要求将来的地基稳定为原则，而绿化地段的填方区土壤应满足植物的种植要求。

（一）施工流程

基底地坪的清整→检验土质→分层铺土、耙平→分层夯实→检验密实度→修整、找平→验收。

（二）填埋顺序

（1）先填石方，后填土方：土、石混合填方时，或施工现场有需要处理的建筑渣土而填方区又比较深时，应先将石块、渣土或粗粒废土填在底层，并紧紧筑实，然后再将壤土或细土在上层填实。

（2）先填底土，后填表土：在挖方中挖出的原地面表土，应暂时堆放在一旁；而要将挖出的底土先填入到填方区底层；待底土填好后，才将肥沃表土回填到填方区作面层。特别是植物种植区域更应注意这点。

（3）先填近处，后填远处：近处的填方区应先填，待近处填好后再逐渐填向远处。但每填一处，均要分层填实。

（三）填埋方式

（1）大面积填方应分层填土，一般每层30～50cm，一次不要填太厚，最好填一层就夯实，为保持排水，应保证斜面有 3% 的坡度。

（2）在自然斜坡上填土时，为防止新填土方沿着坡面滑落，可先把斜坡挖成阶梯状，然后再填入土方。这样就增强了新填土方与斜坡的咬合性，以保证新填土方的稳定性。

（3）在填自然式山体时，应以设计山顶为中心，螺旋式分路上土，运土顺循环道路上填，每经过全路一遍，便顺次将土卸在路两侧，空载的车（人）沿路线继续前行下山，车（人）不走回头路，不交叉穿行。这不仅合理组织了人工，而且使土方分层上升，土体较稳定，表面较自然。

（4）在堆土做陡坡时，要用松散的土堆出陡坡是不易的，需要采取特殊处理。可以用袋装土垒砌的办法直接垒出陡坡，其坡度可以做到 100% 以上。土袋不必装得太满，70%~80% 即可，这样垒成陡坡更为稳定。袋子可选用麻袋、塑料编织袋或玻璃纤维布袋。袋装土陡坡的后面要及时填土夯实，使两者结成整体以增强稳定性。陡坡垒成后，还需要湿土对坡面培土，掩盖土袋，使整个土山浑然一体。坡面上还可栽种须根密集的灌木或培植山草，利用树根和草根将坡土紧固起来。

（5）土山的悬崖部分一般要用假山石或块石浆砌做成挡土石壁，然后在背面填土，石壁后要有一些长条形石条从石壁埋入山体中，以加强山体与石壁的连接，增强石壁的稳定性。

砌筑时，石壁每砌筑 1.2~1.5m 高，应停工几天，待水泥凝固硬化，并在石壁背面填土夯实之后，才能继续向上砌筑悬崖。

（四）填方施工方法

1. 人力填方

人力填方适用于一般园林建筑、构筑物的基坑（槽）和管沟以及室内地坪和小范围整地、堆山等的施工。

主要施工机具：蛙式或柴油打夯机、手推车、筛子（孔径 40~60mm）、木耙、铁锹（尖头与平头）、2m 靠尺、胶皮管、小线和折尺等。

人力填方要求：

（1）一般从场地最低部分开始，由一端向另一端自下而上地分层铺填。

（2）填筑时，每层先虚铺一层土，然后夯实。采用人工夯实，砂质土的虚铺厚度不大于 30cm，黏性土不大于 20cm；用机械夯实，虚铺厚度不大于 30cm。

（3）当基坑深浅不同且深浅坑相连时，先填深坑，相平后与浅坑一起分层填夯。

（4）分段填筑的交界处应填成阶梯状。

（5）墙基及管道回填，应在两侧用细土同时均匀回填、夯实，防止墙基及管道中心线位移。

2. 机械填方

机械填方适用于较大规模的园林建筑、构筑物的基坑（槽）和管沟以及大面积整地、堆山等的施工。

主要施工机具：装运土方的机械有铲土机、自卸汽车、推土机、铲运机及翻斗车等；碾压的机械有平碾、羊足碾和振动碾等；其他一般还有蛙式或柴油打夯机、手推车、铁锹（尖头与平头）、2m 钢尺、2 号铅丝、胶皮管等。

机械填方施工要求：

（1）推土机填方

填方顺序宜采用纵向铺填顺序，从挖土区段至填土区段，以 40～60m 距离为宜；大坡度堆填填土不宜居高临下，不分层次，一次堆填；推土机运土回填，可采用分堆集中、一次运送的方法，分段的距离为 10～15m，以减少运土漏失量；土方推至填方部位时，应提起铲刀一次成堆卸土，并向前行驶 50～100m，利用推土机后退时，将土刮平；用推土机来回行驶进行碾压，履带应重叠一半。

（2）铲运机填方

铲运机铺填土区段的长度不应小于 20m，宽度不应小于 8m；每层铺土后，利用空车返回时将地表刮平；填方顺序一般尽量采用横向或纵向分层卸土，以利于行驶时的初步压实。

（3）汽车填方

自卸汽车推卸土时，须配以推土机推平、摊平；填方可利用汽车行驶做部分压实工作，所以行车路线须均匀分布于填土层上；汽车不能在虚土上行驶，卸土推平和压实工作，须分段交叉进行。

十、土方的压实工作

填方工程要伴随进行土方压实筑紧工序，填、压工序结合展开。土方的压实分为人力和机械两种。

（一）人力夯实

人力夯实，适用于小面积填方区。

1. 主要施工工具

木夯、滚筒、石碾等。一般 2 人或 4 人为 1 组。

2. 人力压实施工要求

（1）人力打夯前，应先将填土初步整平。打夯要按一定方向进行，一夯压半夯，夯夯相接，行行相连。两边纵横交叉，分层打夯。一般采用 60～80kg 的木夯或铁、石夯，由 4～8 人拉绳，2 人扶夯，举高不应小于 50cm，进行人力打夯或采用人力拉动石碾、滚筒碾压土层。

（2）基坑（槽）、管沟的回填与夯实。基坑（槽）回填应在相对两侧或四周同时进行，在基坑（槽）及地坪夯实时，行夯路线应由四边向中间进行；管沟回填时，应用人工先在管子周围填土夯实，并应从管道两侧同时进行，至管顶 50cm 之上。

（3）土方压实施工中，现常借助小型的夯压机具，如蛙式夯、内燃夯等进行夯压，一般填土厚度不宜大于 25cm，打夯之前也应对填土初步整平，用打夯机依次夯打，均匀分布，不留间隙。

（二）机械夯实

机械夯实，适用于大面积填方区。

1. 主要施工机械

碾压机、电动震夯机、拖拉机带动的铁碾等。

2. 机械压实施工要求

（1）机械碾压前，先初步平实表面，保证填土压实的均匀性及密实度，避免碾轮下陷，提高效率。碾压机碾压之前，先用轻型推土机、拖拉机等推平，低速预压 4～5 遍，使表面初步平实；采用振动平碾压实爆破石渣或碎石类土，也应先静压，而后振压。

（2）控制碾压机械行驶速度和压实遍数。碾压机械压实填方时，要控制其行驶速度，一般平碾、振动碾不超过 2km/h，羊足碾不超过 3km/h。并控制压实遍数。

（3）碾压机械应与基础或管道等保持一定的距离。为防止将基础或管道等压坏或使之位移，必须保持碾压机械与基础、管道等之间有一定的距离。

（4）压路机碾压。用压路机进行填方压实的原则是"薄填、慢驶、多次"，填土厚 25～30cm；从两边向中间碾压，碾轮每次重叠宽度为 15～25cm，防止漏压。碾轮距离填方边缘不小于 50cm，以防溜坡倾倒。

（5）边角、边坡、边缘等压实不到位之处，用人力夯或小型夯实机具夯实。碾压密实度除另有规定外，应压至轮子下沉量不超过 2cm 为度。每碾压一层完后，应用人工或机械（推土机）将表面拉毛，以利于结合。

（6）平碾碾压。采用平碾碾压填方，每碾压完一层，应用人工或机械（推土机）将表面拉毛；土层表面太干时，还应洒水湿润后回填，保证上下层结合良好。

第二章 园林给排水与水景工程施工

第一节 给水工程施工

一、园林给水管网的布置原则和形式

（一）园林给水管网的布置原则

给水管网的布置要求供水安全可靠，投资节约，一般应遵循以下原则。

（1）干管应靠近主要供水点，保证足够的水量和水压。

（2）和其他管道按规定保持一定距离，注意管线的最小水平净距和垂直净距。

（3）管网布置必须保证供水安全可靠，干管一般随主要道路布置，宜成环状，但应尽量避免在园路和铺装场地下敷设。

（4）力求以最短距离敷设管线，以降低费用。

（5）在保证管线安全不受破坏的情况下，干管宜随地形敷设，避开复杂地形和难于施工的地段，减少土方工程量。在地形高差较大时，可考虑分压供水或局部加压，不仅能节约能量，还可以避免地形较低处的管网承受较高压力。

（6）分段分区设阀门井、检修井，一般在干管与支干管、支干管与支管连接处设阀门井，在转折处、干管长度不大于 500m 处设检修井。

（7）预留支管接口。

（8）管端井应设泄水阀。

（9）确定管顶覆土厚度：管顶有外荷载时不小于 0.7m；管顶无外荷载、无冰冻时可小于 0.7m；给水管在冰冻地区应埋设在冰冻线以下 20cm 处。

（10）消火栓的设置：在建筑群中不大于 120m；距建筑外墙不大于 5m，最小为 1.5m；距路缘石不大于 2m。

（二）园林给水管网的布置形式

1. 树枝状管网

树枝状管网由干管和支管组成，布置犹如树枝，从树干到树梢越来越细。这种布置形式的优点是管线短、投资省，但供水可靠性差，一旦管网局部发生事故或须检修，则后面的所有管道就会中断供水。另外，当管网末端用水量减小，管中水流缓慢甚至停流而造成"死水"时，水质容易变坏。因此，树枝状管网适用于用水量不大、用水点较分散的情况。

2. 环状管网

环装管网是主管和支管均呈环状布置的管网，其突出优点是供水安全可靠，管网中任何管道都可由其余管道供水，水质不易变坏，但管线总长度大于树枝状管网，造价高。

在实际工程中，给水管网往往同时存在以上两种布置形式，称为混合管网。在初期工程中，对连续性供水要求较高的局部地区、地段可布置成环状管网，其余采用树枝状管网，然后再根据改扩建的需要增加环状管网在整个管网中所占的比例。

二、园林给水管网设计

在最高日最高时用水量的条件下，确定各管段的设计流量、管径及水头损失，再据此确定所需水泵扬程或水塔高度。

（一）收集分析有关的图纸、资料

收集公园设计图纸，分析公园附近市政干管布置情况及其他水源情况。

（二）布置管网

在公园设计平面图上定出给水干管位置、走向，并对节点进行编号，量出节点间的长度。

（三）求公园中各用水点的用水量（设计流量）

根据公园中各用水点的用水量，求得各管段的设计流量。

（四）确定各管段的管径

根据各用水点所求得的设计流量及管段流量并考虑经济流速，查铸铁管水力计算表确定各管段的管径。同时，还可查得与该管径相应的流速和单位长度的沿程水头损失值。

（五）水头计算

公园给水干管所需水压可按下式计算：

$$H = H_1 + H_2 + H_3 + H_4 \qquad\qquad (2-1)$$

式中：H——引水点处所需的总水压（mH_2O）。

H_1——配水点与引水点之间的地面高程差（m）。

H_2——配水点与建筑物进水管之间的高差（m）。

H_3——配水点所需的工作水头（mH_2O）。

H_4——沿程水头损失和局部水头损失之和（mH_2O）。

"计算配水点"应当是管网中的最不利点。最不利点是指处在地势高、距离引水点远、用水量大或要求工作水头特别高的用水点。只要最不利点的水压得到满足，则同一管网中的其他用水点的水压也能得到满足。

（六）校核

通过上述水头计算，若引水点的自由水头略高于用水点的总水压要求，则说明该管段的设计是合理的；否则，须对管网布置方案或对供水压力进行调整。

（七）采用网格法进行管线定位

每段给水管的管径、坡度、流向均用数字及箭头准确标注，管底标高分别用指引线清晰标出，使人一目了然。

三、园林给水管网施工

城市给水管线绝大部分埋在绿地下，当穿越道路、广场时才设在硬质铺地下，特殊情况下也可考虑设在地面上。给水管线敷设原则如下。

1. 水管管顶以上的覆土深度，在非冰冻地区金属管道一般不小于 0.7m，非金属管道不小于 1.0m。

2. 冰冻地区除考虑以上条件外，还须考虑土壤冰冻深度，一般水管的埋深在冰冻线以下的深度：管径 D＝300~600mm 时深度为 0.75D，D>600mm 时深度为 0.5D。

3. 在土壤耐压力较高和地下水位较低时，水管可直接埋在天然地基上，但在岩基上应加垫沙层。对承载力达不到要求的地基土层，应进行基础处理。

4. 给水管道相互交叉时，其净距不小于 0.15m；与污水管平行时，间距取 1.5m；与污水管或输送有毒液体管道交叉时，给水管道应敷设在上面，且不应有接口重叠。

四、园林给水管网的实践操作

（一）熟悉设计图纸

熟悉管线的平面布局、管段的节点位置高、不同管段的管径、管底标高、阀门井以及其他设施的位置等。

（二）清理施工场地

清除场地内有碍管线施工的设施和建筑垃圾等。

（三）施工定点放线

根据管线的平面布局，利用相对坐标和参照物，把管段的节点放在场地上，连接邻近的节点即可。

（四）抽沟挖槽

根据给水管的管径确定沟槽尺寸。沟槽通常为梯形，宽度为管径加上 60~70cm，深度为管道埋深。如承载力达不到要求的地基上层，应挖得更深一些，以便进行基础处理。处理后需要检查基础标高与设计的管底标高是否一致，有差异需要做调整。

（五）管道安装

在管道安装之前，要准备相关材料，计算相邻节点之间所需要的管材和各种管件的数量；如果是用镀锌钢管，则要进行螺纹丝口的加工后再进行管道安装。安装顺序一般是先干管后支管再立管，在工程量大和工程复杂地域可以分段和分片施工，利用管道井、阀门井和活接头连接。

（六）覆土填埋

管道安装完毕，通水检验管道渗漏情况再填土，填土前用沙土填实管底和固定管道，不使水管悬空和移动，防止在填埋过程中压坏管道。

（七）修筑管网附属设施

在日常施工中遇到最多的是阀门井和消火栓，要按照设计图纸进行施工。

五、园林喷灌系统施工

（一）施工准备

施工准备的要求是施工场地范围内绿化地坪、大树调整、建（构）筑物的土建工程，水源、电源、临时设施应基本到位。

（二）施工放样

施工放样应尊重设计意图，尊重客观实际。放样时应先确定喷头位置，再确定管道位置。

（三）开挖沟槽

因喷灌管道沟槽断面较小，同时也为了防止对地下隐蔽设施的损坏，一般不采用机械方法进行开挖。

沟槽应尽可能挖得窄些，只在各接头处挖成较大的坑；断面形式可取矩形或梯形；沟槽宽度一般可按管道外径加 0.4m 确定；沟槽深度应满足地埋式喷头安装高度及管网泄水的要求，一般情况下，绿地中管顶埋深为 0.5m，普通道路下埋深为 1.2m（不足 1m 时，须在管道外加钢套管或采取其他措施）。沟槽开挖时应根据设计要求保证槽床至少有 0.2% 的坡度，坡向指向指定的泄水点，可有效防冻。挖好的管槽底面应平整、压实，具有均匀的密实度。

（四）管道安装

管道安装是绿地喷灌工程中的主要施工项目，安装顺序一般先干管，后支管，再立管。

1. 连接管道

管道材质不同，其连接方法也不同，目前喷灌系统中普遍采用的是硬聚氯乙烯（PVC）。硬聚氯乙烯管的连接方式有冷接法和热接法，其中冷接法不需要加热设备，便于现场操作，故广泛用于绿地喷灌工程。操作过程中应注意：保证管道工作面及密封圈干净，不得有灰尘和其他杂物；不得在承口上涂润滑剂。

2. 加固管道

加固管道指用水泥砂浆或混凝土支墩对管道的某些部位进行压实或支撑固定，以减小喷灌系统在启动、关闭或运行时产生的水锤现象和振动作用，增加管网系统的安全性，一般在水压试验和泄水试验合格后实施。对于地埋管道，加固位置通常是：弯头、三通、变径、堵头以及间隔一定距离的直线管段。

（五）水压试验和泄水试验

管道安装完成后，应分别进行水压试验和泄水试验。水压试验的目的在于检验管道及其接口的耐压强度和密实性，泄水试验的目的是检验管网系统是否有合理的坡降，能否满足冬季泄水的要求。

（六）回填土方

1. 部分回填

部分回填是指管道以上约 100mm 范围内的回填。一般采用沙土或筛过的原土回填，管道两侧分层踩实，禁止用石块或砖、砾等杂物单侧回填。对于聚乙烯管（PE 软管），填土前应先对管道压力充水至接近其工作压力，以防止回填过程中管道挤压变形。

2. 全部回填

全部回填是指采用符合要求的原土，分层轻夯或踩实。回填时一次填土 100～150mm，直至高出地面 100mm 左右。填土到位后对整个管槽进行夯实，以免绿化工程完成后出现局部下陷，影响绿化效果。

（七）修筑管网附属设施

附属设施主要有阀门井、泵站等，应严格按照设计图纸进行施工。

（八）安装设备

1. 水泵和电机设备的安装

水泵和电机设备的安装施工必须严格遵守操作规程，确保施工质量。

2. 喷头安装施工注意事项

（1）喷头安装前，应彻底冲洗管道系统，以免管道中的杂物堵塞喷头。

（2）喷头的安装高度以喷头顶部与草坪根部或灌木的修剪高度平齐为宜。

第二节 排水工程施工

一、园林绿地排水系统

园林环境与一般城市环境很不一样，其排水工程的情况也和城市排水系统的情况有相当大的差别。因此，园林绿地在排水类型、排水方式、排水量构成、排水工程构筑物等方面都有其特点。

（一）园林排水概述

1. 污水的分类

（1）生活污水

林中的生活污水主要来自餐厅、茶室、小卖部、厕所、宿舍等处。这些污水中所含的有机污染物较多，一般不能直接向园林水体中排放，而是要经过除油池、沉淀池、化粪池等进行处理后才能排放。另外，做清洁卫生时产生的废水也可划入这一类中。

（2）生产废水

盆栽植物浇水时多余的水，鱼池、喷泉池、睡莲池等较小的水景池排放的水都属于园林生产废水。游乐设施中的水体面积一般不大，积水太久会使水质变坏，所以每隔一定时间就要换水，如游泳池、戏水池、碰碰船池、冲浪池、航模池等就常在换水时有废水排出。

（3）降水

园林排水管网要收集、输送和排除雨水及融化的冰、雪水。这些天然的降水在落到地面前后，会受到空气污染物和地面泥沙等的污染，但污染程度不高，一般可以直接向园林水体如湖、池、河流中排放。

2. 排水工程系统的组成

（1）生活污水排水系统

这种排水系统主要是排除园林生活污水，包括室内和室外部分，具体如下：

①室内污水排放设施如厨房洗物槽、下水管、房屋卫生设备等。

②除油池、化粪池、污水集水口。

③污水排水干管、支管组成的管道网。

④管网附属构筑物如检查井、连接井、跌水井等。

⑤污水处理站，包括污水泵房、澄清池、过滤池、消毒池、清水池等。

⑥出水口，它是排水管网系统的终端出口。

（2）雨水排水系统

园林内的雨水排水系统不只是排除雨水，还要排除园林生产废水和游乐废水。因此，它的基本构成部分如下：

①汇水坡地、集水浅沟和建筑物的屋面、天沟、雨水斗、竖管、散水。

②排水明渠、暗沟、截水沟、排洪沟。

③雨水口、雨水井、雨水排水管网、出水口。

④在利用重力自流排水困难的地方，还可设置雨水排水泵站。

（3）排水工程系统的体制

将园林中的生活污水、生产废水、游乐废水和天然降水从产生地点收集、输送和排放的基本方式称为排水系统的体制，简称排水体制。排水体制主要有分流制与合流制两类。

（二）园林排水的特点

（1）主要是排除雨水和少量生活污水。

（2）园林中多具有起伏多变的地形有利于地面水的排除。

（3）园林中大多有水体，雨水可就近排入园中水体。

（4）园林中大量的植物可以吸收部分雨水，同时考虑旱季植物对水的需要，干旱地区更应注意保水。

（三）园林排水的方式

1. 地面排水

地面排水即利用地面坡度使雨水汇集，再通过沟、谷、涧、山道等加以组织引导，就近排入附近水体或城市雨水管渠。此法是公园排除雨水的一种主要方法，特点是经济适用、便于维修、景观自然，通过合理安排可充分发挥其优势。利用地形排除雨水时，若地表种植草皮，则最小坡度为0.5%。

2. 管渠排水

管渠排水即利用明沟、盲沟、管道等设施进行排水的方式。

（1）明沟排水

明沟主要是指土质明沟，其断面形式有梯形、三角形和自然式浅沟，沟内可植草种花，也可任其生长杂草，通常采用梯形断面。在某些地段，根据需要也可砌砖、石或混凝土明沟，断面形式常采用梯形或矩形。

（2）盲沟排水

盲沟又称暗沟，是一种地下排水渠道，主要用于排除、降低地下水。在一些要求排水良好的全天候的体育活动场地、地下水位高的地区以及某些不耐水的园林植物生长区等都可以采用盲沟排水。

盲沟排水的优点是取材方便，可利用砖石等材料，造价相对低廉；地面没有雨水口、检查井之类的构筑物，从而保持了园林绿地草坪及其他活动场地的完整性。

盲沟的布置形式取决于地形及地下水的流动方向，常见的有树枝式、鱼骨式和铁耙式三种，分别适用于洼地、谷地和坡地。

盲沟的埋深主要取决于植物对地下水位的要求、受根系破坏的影响、土壤质地、冰冻深度及地面荷载情况等因素，通常为 1.2～1.7m；支管间距则取决于土壤种类、排水量和排水要求，要求高的场地应多设支管，支管间距一般为 9～24m。

盲沟沟底纵坡不小于 0.5%。只要地形等条件许可，纵坡坡度应尽可能取大些，以利地下水的排除。

3. 地表径流的排除

地表径流是指没有下渗的地表水汇聚流动的过程。地表径流对地表的冲刷，对地表造成危害是地面排水所面临的主要问题。因此，必须采取合理措施来防止对地表的冲刷，进而保持水土、维护园林景观。通常从以下几方面着手来解决。

（1）竖向设计排除

①控制地面坡度，使之不要过陡，不至于造成过大的地表径流速度。如果坡度大而不可避免，须设加固措施。

②同一坡度的坡面不宜延续过长，应有起伏变化，以免造成大的地表径流。

（2）工程措施排除

在园林中，除了在竖向设计中考虑外，有时还必须采取工程措施防止地表冲刷，也可以结合景点设置。常用的工程措施如下：

①消能石（谷方）

在山谷及沟坡较大的汇水线上，容易形成大流速地表径流，为防止其对地表的冲刷，在汇水区布置一些山石，减缓水流的冲力，这些山石就称为"谷方"。消能石须深埋浅露、布置得当，还能成为园林中动人的水景。

②挡水石和护土筋

利用山道边沟排水，坡度变化较大时，为减少流速大的水流对道路的冲击，常在道路旁或陡坡处设挡水石和护土筋，结合道路曲线和植物种植可形成小景。

③出水口

园林中利用地面或明渠排水，在排入园内水体时，为了保持岸坡结构稳定可结合造景，出水口应做适当处理。"水簸箕"是一种敞口排水槽，槽身的加固可采用三合土、浆砌块石（或砖）或混凝土。当排水槽上下口高差大时可采用以下方法：在下口设栅栏起消力和防护作用；在槽底设置消力阶；槽底做成硬礓嚓状（连续的浅阶）；在槽底砌消力块等。

（3）利用植物排除

园林植物具有对地表径流加以阻碍、吸收以及固土等诸多作用，合理种植、用植被覆盖地面是防止地表径流的有效措施与正确选择。

（4）埋管排水排除

地势低洼处无法用地面排水时，可采用管渠进行排水，尽快地把园林绿地的积水排除。

二、园林绿地雨水管道系统

雨水管道系统通常由雨水口、连接管、检查井、干管和出水口共五部分组成。

（一）实践操作

（1）收集和整理所在地区和设计区域的各种原始资料，包括设计区域总平面布置图、竖向设计图，当地的水文、地质、暴雨等资料。

（2）根据排水区域地形、地物等情况划分汇水区，通常沿山脊线（分水岭）、建筑外墙、道路等进行划分。给各汇水区编号并求其面积（F）。

（3）作管道布置草图。根据汇水区划分、水流方向及附近城市雨水干管分布情况等，确定管道走向以及雨水口、检查井的位置。给各检查井编号并求其地面标高，标出各段管长。

（4）求设计降雨强度 q。降雨强度是指单位时间内的降雨量，我国常用的降雨强度公式为

$$q = 167Ai(1 + c\lg P) / (t + b)^n \qquad (2-2)$$

式中：q——设计降雨强度。

P——设计重现期。

t ——降雨历时。

Ai，c，b，n ——地方参数，根据统计方法进行计算确定。

根据经验，一般公园绿地的 P 为 1~3 年，t 为 5~15min。

（5）确定各汇水区的平均径流系数值。径流系数是单位面积径流量与单位面积降雨量的比值，用 ψ 表示。地面性质不同，其径流系数也不同。

常根据排水流域内各类地面面积或所占比例求出平均径流系数，即：

$$\psi_{平均} = \sum \psi F / \sum F \qquad (2-3)$$

（6）求单位面积径流量 q_0。单位面积径流量是降雨强度与径流系数的乘积，即：

$$q_0 = q \times \psi \qquad (2-4)$$

（7）列表进行雨水干管的设计流量计算，公式为

$$Q = \psi_{平均} \times q_0 \times F \qquad (2-5)$$

式中：Q ——管段雨水流量，L/s。

q ——单位面积径流量，m^2/s。

F ——汇水面积，m^2。

$\psi_{平均}$ ——平均径流系数。

计算出各汇水区的流量，通常设计流量应稍大于计算流量。查表确定各管段的管径、管坡、流速等，根据预先确定的管道起点埋深计算各管段起点和终点的管底标高及管底埋深值。

（8）绘制雨水管道平面图。

（9）绘制雨水干管纵剖面图。

（二）雨水口布置要点

雨水口是雨水管渠上收集雨水的构筑物，其位置应能保证迅速有效地收集地面雨水。连接管是雨水口与检查井之间的连接管段，长度一般不超过 25m，坡度不小于 1.5%。检查井是为了对管道进行检查和清理，同时也起连接作用而设置的雨水管道系统附属构筑物，通常设在管渠交汇、转弯、尺寸或坡度改变、跌水等处以及相隔一定距离的直线管段上。出水口设在雨水管渠系统的终端，用以将汇集的雨水排入天然水体。

（三）雨水管渠布置的一般规定

（1）管道的最小覆土深度。雨水管道的最小覆土深度根据雨水井连接管的坡度、冰冻深度和外部荷载情况决定，一般为 0.5~0.7m。

（2）管道的最小管径和最小设计坡度。雨水管道多为无压自流管，只有具有一定的纵坡值，雨水才能靠自身重力向前流动，而且管径越小所需最小纵坡值越大。雨水管道最小坡度规定：雨水管道最小管径为 200mm，而相应坡度为 4%；公园绿地雨水管径为 300mm 而相应最小坡度为 3.3%；管径为 350mm，相应最小坡度为 3%；管径为 400mm，相应最小坡度为 2%。

（3）管道的最小容许流速。各种管道在自流条件下的最小容许流速不得小于 0.75m/s；各种明渠不得小于 0.4m/s。

（4）管道的最大设计流速。流速过大会磨损管壁，降低管道的使用年限。各种金属管道的最大设计流速为 10m/s，非金属管道为 5m/s；各种明渠的最大设计流速中草皮护面、干砌块石、浆砌块石及浆砌砖、混凝土分别是 1.6m/s、2.0m/s、3.0m/s、4.0m/s。

（5）管道材料的选择。排水管道材料的种类一般有铸铁管、钢管、石棉水泥管、陶土管、混凝土管和钢筋混凝土管等。室外雨水的无压排除通常选用陶土管、混凝土管和钢筋混凝土管等。

（四）雨水管渠布置的要点

（1）当地形坡度较大时，雨水干管应布置在地形低的地方；在地形平坦时，雨水干管应布置在排水区域的中间地带，以尽可能地扩大重力流排除范围。

（2）尽量利用地形汇集雨水，尽量利用地面输送雨水，以达到所需管线最短。

（3）应结合区域的总体规划进行考虑，如道路情况、建筑物情况、远景建设规划等。

（4）为了尽快地将雨水排入水体，尽量采用分散出水口的方式。

（5）雨水口的布置应考虑及时排除附近地面的雨水。

（6）在满足冰冻深度和荷载要求的前提下，管道坡度宜尽量接近地面坡度。

第三节　水景工程施工

一、自然式园林水景

（一）人工湖的施工

（1）认真分析设计图纸，并按设计图纸确定土方量。

（2）详细勘察现场，按设计线形定点放线，放线可用石灰、黄沙等材料。打桩时，沿湖池外缘15~30cm打一圈木桩，第一根桩为基准桩，其他桩皆以此为准，基准桩即是湖体的池缘高度。桩打好后，注意保护好标志桩、基准桩，并预先准备好开挖方向及土方堆积方法。

（3）考察基址渗漏状况。好的湖底全年水量损失占水体积的5%~10%；一般湖底占10%~20%；较差的湖底层占20%~40%，以此制定施工方法及工程措施。

（4）湖体施工时排水尤为重要。如水位过高，施工时可用多台水泵排水，也可通过梯级排沟排水；由于水位过高，为避免湖底受地下水的挤压而被抬高，必须特别注意地下水的排放。通常用15cm厚的碎石层铺设整个湖底，上面再铺5~7cm厚的沙子就足够了。如果这种方法还无法解决，则必须在湖底开挖环状排水沟，并在排水沟底部铺设带孔聚氯乙烯（PVC）管，四周用碎石填塞，会取得较好的排水效果。同时，要注意开挖岸线的稳定，必要时要用块石或竹木支撑保护，最好做到护坡或驳岸的同步施工。通常，基址条件较好的湖底不用做特殊处理，适当夯实即可，但渗漏性较严重的必须采取工程手段，常见的措施有灰土层湖底、塑料薄膜湖底和混凝土湖底等。

（5）湖底做法应因地制宜。灰土做法适于大面积湖池。

（6）湖岸处理。湖岸的稳定性对湖体景观有特殊意义，先根据设计图严格将湖岸线用石灰放出，放线时应保证驳岸（或护坡）制基桩的标注。开挖后要对易崩塌之处用木条、板（竹）等支撑（参见土方施工），遇到洞、孔等渗漏性大的地方，要结合施工材料采用抛石，填灰土、三合土等方法处理。如岸壁土质良好，做适当修整后可进行后续施工（详见驳岸和护坡工程）。湖岸的出水口常设计成水闸，水闸应保证足够的安全性。

（二）小溪的施工

1. 施工准备

施工准备的主要环节是进行现场踏查，熟悉设计图纸，准备施工材料、施工机具、施工人员，对施工现场进行清理平整，接通水电，搭置必要的临时设施等。

2. 溪道放线

依据已确定的小溪设计图纸，用白粉笔、黄沙或绳子等在地面上勾画出小溪的轮廓，同时确定小溪循环用水的出水口和承水池间的管线走向。由于溪道宽窄变化多，放线时应加密打桩量，特别是转弯点。各桩要标注清楚相应的设计高程，变坡点（设计小跌水之处）要做特殊标记。

3. 溪槽开挖

小溪要按设计要求开挖，最好掘成U形坑，因小溪多数较浅，表层土壤较肥沃，要注意将表土堆放好，作为溪涧种植用土。溪道开挖要求有足够的宽度和深度，以便安装散点石。值得注意的是，一般的溪流在落入下一段之前都应有至少 7cm 的水深，故挖溪道时每一段最前面的深度都要深些，以确保小溪的自然。溪道挖好后，必须将溪底基土夯实，溪壁拍实。如果溪底用混凝土结构，可先在溪底铺 10~15cm 厚的碎石层作为垫层。

4. 溪底施工

（1）混凝土结构

在碎石垫层上铺上沙子（中沙或细沙），垫层 2.5~5cm，盖上防水材料（EPDM、油毡卷材等），然后现浇混凝土，厚度为 10~15cm（北方地区可适当加厚），其上铺 M7.5 水泥砂浆约 3cm，然后再铺素水泥浆 2cm，按设计种上卵石即可。

（2）柔性结构

如果小溪较小，水又浅，溪基土质良好，可直接在夯实的溪道上铺一层 2.5~5cm 厚的沙子，再将衬垫薄膜盖上。衬垫薄膜纵向的搭接长度不得小于 30cm，留于溪岸的宽度不得小于 20cm，并用砖、石等重物压紧。最后用水泥砂浆把石块直接粘在衬垫薄膜上。

5. 溪壁施工

溪岸可用大卵石、砾石、瓷砖、石料等铺砌处理。和溪底一样，溪岸也必须设置防水层，防止溪流渗漏。如果小溪环境开朗，溪面宽、水浅，可将溪岸做成草坪护坡，且坡度尽量平缓。临水处用卵石封边即可。

6. 溪道装饰

为使溪流更自然有趣，可用较少的鹅卵石放在溪床上，这会使水面产生轻柔的涟漪。同时，按设计要求进行管网安装，最后点缀少量景石，配以水生植物，饰以小桥、汀步等小品。

7. 试水

试水前应将溪道进行全面清洁，检查管路的安装情况。而后打开水源，注意观察水流及岸壁，如达到设计要求，说明溪道施工合格。

自然界中的溪流多是在瀑布或涌泉下游形成的，上通水源，下达水体。溪岸高低错落，流水清澈晶莹，且多有散石净沙、绿草翠树，很能体现水的姿态和声音。园林中由于地形条件的限制，在平坦的基址上设计小溪有一定的难度，但通过合理有效的工程措施是可以再现自然溪流的，且不乏佳例。

（三）瀑布的施工

1. 现场放线

可参考小溪放线，但要注意落水口与承水潭的高程关系（用水准仪校对），同时要将落水口前的高位水池用石灰或沙子放出。如属掇山型瀑布，平面上应将掇山位置采用"宽打窄用"的方法放出外形，施工时最好先按比例做出模型，以便施工时参考。此外，还应注意循环供水线路的走向。

2. 基槽开挖

基槽可采用人工开挖，挖方时要经常以施工图校对，避免过量挖方，保证各落水高程的正确。如瀑道为多层跌落方式，更应注意各层的基底设计坡面。承水潭的挖方请参考水池施工。

3. 管线安装

对于埋地管可结合瀑道基础施工时同步进行。各连接管（露地部分）在浇捣混凝土1~2天后安装，出水口管段一般待山石堆掇完毕后再连接。

4. 瀑布装饰与试水

根据设计的要求对瀑道和承水潭进行必要的点缀，如种上卵石、水草，铺上净砂、散石，必要时安装上灯光系统。瀑布的试水与小溪相同。

二、驳岸、护坡

（一）驳岸

1. 驳岸的概念和作用

（1）驳岸的概念

园林驳岸也是园景的组成部分。在古典园林中，驳岸往往用自然山石砌筑，与假山、置石、花木相结合，共同组成园景。驳岸必须结合所处环境的艺术风格、地形地貌、地质条件、材料特性、种植特色以及施工方法、技术经济要求等来选择其结构形式，在实用、经济的前提下注意外形的美观，使其与周围景色协调。

（2）驳岸的作用

①驳岸用来维系陆地与水面的界限，使其保持一定的比例关系。驳岸是正面临水的挡土墙，用来支撑墙后的陆地土壤。如果水际边缘不做驳岸处理，就很容易因为水的浮托、

冻胀或风浪淘刷而使岸壁塌陷，导致陆地后退、岸线变形，影响园林景观。

②驳岸能保证水体岸坡不受冲刷。通常水体岸坡受水冲刷的程度取决于水面的大小、水位高低、风速及岸土的密实度等。当这些因素达到一定程度时，如水体岸坡不做工程处理，岸坡将失去稳定，进而造成破坏。因而，要沿岸线设计驳岸以保证水体坡岸不受冲刷。

③驳岸还可强化岸线的景观层次。驳岸除支撑和防冲刷作用外，还可通过不同的形式处理，以增加驳岸的变化，丰富水景的立面层次，增强景观的艺术效果。

2. 驳岸不同部位的破坏因素分析

驳岸可分为低水位以下部分，常水位至低水位部分、常水位至高水位部分和高水位以上部分。

高水位以上部分是不淹没部分，主要受风浪撞击和淘刷、日晒风化或超重荷载，致使下部坍塌，造成岸坡损坏。

常水位至高水位部分属周期性淹没部分，多受风浪拍击和周期性冲刷，使水岸土壤遭冲刷淤积水中，进而损坏岸线，影响景观。

常水位至低水位部分是常年被淹部分，其主要受湖水浸渗冻胀，剪力破坏，风浪淘刷。我国北方地区因冬季结冻，常造成岸壁断裂或移位；有时因波浪淘刷，土壤被淘空后导致坍塌。

低水位以下部分是驳岸基础，主要影响地基的强度。驳岸湖底以下基础部分的破坏原因包括以下几种：

（1）由于池底地基强度和岸顶荷载不一而造成不均匀的沉陷，使驳岸出现纵向裂缝甚至局部塌陷。在寒冷地区水深不大的情况下，可能由于冻胀而引起基础变形。

（2）木桩做的桩基因受腐蚀或水底一些动物的破坏而朽烂。

（3）在地下水位很高的地区会产生浮托力，影响基础的稳定。湖底地基部分直接坐落在不透水的坚实地基上最为理想，否则会由于湖底地基荷载强度与岸顶荷载不相适应而造成均匀或不均匀沉陷，使驳岸出现纵向裂缝至局部塌陷。在冰冻地带湖水不深的情况下，由于冻胀引起地基变形，如以木桩做桩基则易腐烂或遭到动物的破坏。在地下水位高的地带，地下水的浮托力会影响基础的稳定。

对于破坏驳岸的主要因素有所了解以后，再结合具体情况可以采取防止和减少破坏的措施。

3. 驳岸平面位置和岸顶高程的确定

整形驳岸的岸顶宽度为 30~50cm。如驳岸有所倾斜，则须根据斜度和岸顶高程向外推求。岸顶高程应比最高水位高出一段，以保证水不致因浪激而翻上岸边地面，高出多少则要根据当地风浪拍击驳岸的实际情况制定。湖面广大、风大的地方应高出多一些，湖面窄狭而又有挡风地形条件的可高出少一些，一般以高出 25~100cm 为宜。从造景的角度讲，深潭和浅水面的要求不一样，一般情况下驳岸以贴近水面为好。在水面积大、地下水位高、岸边地形平坦的情况下，对于人流稀少的非主要地带可以考虑短时间被洪水淹没以降低大面积垫土或增高驳岸的造价。驳岸的纵向坡度应根据原有地形条件和设计要求安排，不必强求平整，可随地形起伏，起伏过大的地方甚至可做成纵向阶梯状。

4．驳岸的构造名称介绍

压顶——驳岸的顶端结构，如盖帽压顶，一般用 C15 混凝土，常用尺寸为 300mm×700mm。

岸线——压顶外边线。

墙身——重力式驳岸主体，材料不同，名称常不同。

基础——驳岸的底层结构，厚度常用 300~400mm，宽度为高度的 0.6~0.8 倍。

垫层——基础的下层，常用材料如道砟、碎石、碎砖，整平地坪时可以保证基础与土壤均匀接触。

基础桩——增加驳岸的稳定性，防止驳岸滑动或倒塌的有效措施，同时也兼起加强土基的承载能力作用。

沉降缝——由于墙身不等高、墙后土压力、地基沉降不均匀等变化差异时所必须考虑设置的断裂缝。

伸缩缝——避免因凝缩结硬和湿度、温度的变化所引起的破裂而设置的缝道，一般每 10~25m 设置一道，宽度约为 20mm，有时也兼作沉降缝用。

泄水孔——为排除地面渗入水或地下水在墙后滞留，应考虑设置泄水孔，可等距离布置，驳岸墙后孔处可设倒滤层以防止阻塞。

5．驳岸施工

驳岸施工前应进行现场调查，了解岸线地质及有关情况，作为施工时的参考。

（1）放线。布点放线应依据设计图上的常水位线确定驳岸的平面位置，并在基础两侧各加宽 20cm 放线。

（2）挖槽。基槽一般由人工开挖，工程量较大时采用机械开挖。为了保证施工安全，对需要放坡的地段，应根据规定进行放坡。

（3）夯实地基。开槽后应将地基夯实，遇土层软弱时须进行加固处理。

（4）浇筑基础。基础一般为块石混凝土，浇筑时应将块石分隔，不得互相靠紧，也不得置于边缘。

（5）砌筑岸墙。浆砌块石岸墙的墙面应平整、美观；砌筑砂浆饱满，勾缝严密。应每隔 25～30m 做伸缩缝，缝宽 3cm，可用板条、沥青、石棉绳、橡胶、止水带或塑料等防水材料填充。填充时应略低于砌石墙面，缝用水泥砂浆勾满。如果驳岸有高差变化，则应做沉降缝，以确保驳岸稳固。驳岸墙体应于水平方向 2～4m、竖直方向 1～2m 处预留泄水孔，口径为 120mm×120mm，便于排除墙后积水，保护墙体；也可于墙后设置暗沟，填置砂石排除积水。

（6）砌筑压顶。可采用预制混凝土板块压顶，也可采用大块方整石压顶。顶石应向水中至少探出 5～6cm，并使顶面高出最高水位 50cm 为宜。

（7）驳岸施工前，一般应放空湖水，以便于施工。新挖湖池应在蓄水之前进行驳岸施工。属于城市排洪河道、蓄洪湖泊的水体，可分段围堵截流，排空作业现场围堰以内的水。选择枯水期施工，如枯水位距施工现场较远，当然也就不必放空湖水再施工。驳岸采用灰土基础时，以干旱季节施工为宜，否则会影响灰土的凝结。浆砌块石施工中，砌筑要密实，要尽量减少缝穴，缝中灌浆务必饱满。浆砌块石缝应控制在 2～3cm，勾缝可稍高于石面。

（8）为防止冻凝，驳岸应设伸缩缝并兼作沉降缝。伸缩缝要做好防水处理，同时，也可采用结合景观的设计使驳岸曲折有度，这样既丰富了驳岸的变化，又减少了伸缩缝的设置，使驳岸的整体性更强。

（9）为排除地面渗水或地面水在岸墙后的滞留，应考虑设置泄水孔。泄水孔可等距离分布，平均 3～5m 处可设置一个。在孔后可设倒滤层，以防阻塞。

（二）护坡的设计与施工

护坡在园林工程中得到广泛应用，原因在于水体的自然缓坡能产生自然、亲水的效果。护坡的设计选择应依据坡岸用途、透视效果、水岸地质状况和水流冲刷程度而定。目前常见的方法有铺石护坡、灌木护坡和草皮护坡。

1. 铺石护坡

当坡岸较陡、风浪较大或因造景需要时，可采用铺石护坡。铺石护坡施工容易，抗冲刷力强，经久耐用，护岸效果好，还能因地造景，灵活随意，是园林常见的护坡形式。

护坡石料要求吸水率低（不超过 1%）、密度大（大于 2t/m³）和较强的抗冻性，如石灰岩、砂岩、花岗石等岩石，以块径为 18～25cm、长宽比为 1：2 的长方形石料最佳。

铺石护坡的坡面应根据水位和土壤状况确定，一般常水位以下部分坡面的坡度小于

1∶4，常水位以上部分坡度为 1∶1.5。

施工方法如下：首先把坡岸平整好，并在最下部挖一条梯形沟槽，槽沟宽 40～50cm，深 50～60cm。铺石以前先将垫层铺好，垫层的卵石或碎石要求大小一致、厚度均匀，铺石时由下至上铺设。下部要选用大块的石料，以增加护坡的稳定性。铺时石块摆成丁字形，与岸坡平行，一行一行往上铺，石块与石块之间要紧密相贴，如有突出的棱角，应用铁锤将其敲掉。铺后检查一下质量，即当人在铺石上行走时铺石是否移动，如果不移动，则施工质量合乎要求。下一步就是用碎石嵌补铺石缝隙，再将铺石填实即成。

2. 灌木护坡

灌木护坡较适于大水面平缓的坡岸。由于灌木有韧性，根系盘结，不怕水淹，能削弱风浪冲击力、减少地表冲刷，因而护岸效果较好。护坡灌木要具备速生、根系发达、耐水湿、株矮常绿等特点，可选择沼生植物护坡。施工时可直播，可植苗，但要求较大的种植密度。若因景观需要，强化天际线变化，可适量植草和乔木。

3. 草皮护坡

草皮护坡适于坡度为 1∶20～1∶5 的湖岸缓坡。护坡草种要求耐水湿、根系发达、生长快、生存力强，如假俭草、狗牙根等。护坡做法按坡面具体条件而定，如果原坡面有杂草生长，可直接利用杂草护坡，但要求美观；也可直接在坡面上播草种，加盖塑料薄膜；还可先在正方砖、六角砖上种草，然后用竹签四角固定做护坡。最为常见的是块状或带状种草护坡，铺草时沿坡面自下而上成网状铺草，用木方条分隔固定，稍加压踩。若要增加景观层次、丰富地貌、加强透视感，可在草地散置山石，配以花灌木。

第三章 园林小品工程施工

第一节　景墙工程施工

在园林小品中，景墙具有隔断、导游、衬景、装饰、保护等作用。景墙是园林中常见的小品，其形式不拘一格，功能因需而设，材料丰富多样。除了人们常见的园林中作为障景、漏景以及背景的景墙外，近年来，很多城市更是把景墙作为城市文化建设、改善市容市貌的重要方式。

景墙的形式也是多种多样，一般根据材料、断面的不同，有高矮、曲直、虚实、光洁与粗糙、有椽无椽等形式。景墙既要美观，又要坚固耐久。常用材料有砖、混凝土、花格景墙、石墙、铁花格景墙等。其施工步骤为：基槽放线→基槽开挖→混凝土基础砌筑→墙身砌筑→压顶处理→墙面装饰。

在园林建设中，由于使用功能、植物生长、景观要求等的需要，常用不同形式的挡墙围合、界定、分隔这些空间场地。如果场地处于同一高程，用于分隔、界定、围合的挡墙仅为景观视觉而设，则称为景观墙体。景墙是园林景观的一个有机组成部分。中国园林善于运用将藏与露、分与合进行对比的艺术手法，营造不同的、个性化的园林景观空间，使景墙与隔断得到了极大的发展，无论是古典园林还是现代园林，其应用都极其广泛。

一、常用墙面装饰材料

（一）砌体材料

（1）通过选择砖、卵石的颜色、质感及砌块组合与勾缝的变化，形成美的外观。

（2）石块通过留自然荒包、打钻路、扁光等方式进行加工处理，能达到不同的表面效果。

（二）贴面材料

1. 饰面砖

（1）墙面砖

其一般规格有 200mm×100mm×12mm、150mm×75mm×12mm、75mm×75mm×8mm、108mm×108mm×8mm 等，分有釉和无釉两种。

（2）马赛克

是用优质瓷土烧制的片状小瓷砖拼成各种图案贴在墙上的饰面材料。

2. 饰面板

饰面板是用花岗岩荒料经锯切、研磨、抛光及切割而成的装饰材料，有下列四种：

（1）剁斧板：表面粗糙，具有规则的条状斧纹。

（2）机刨板：表面平整，具有相互平行的刨纹。

（3）粗磨板：表面光滑、无光。

（4）磨光板：表面光亮、色泽鲜明、晶体裸露。

3. 青石板

青石板有暗红、灰、绿、紫等不同颜色，按其纹理构造可劈成自然状薄片。使用规格为长宽为 300~500mm 不等的矩形块。形状自然、色彩富有变化是其装饰的特点。

4. 文化石

文化石分为天然和人造两种。天然文化石是开采于自然界的石材矿，其中的板岩、砂岩、石英岩经加工成为一种装饰材料，具有材质坚硬、色泽鲜明、纹理丰富、抗压、耐磨、耐火、耐腐蚀、吸水率低等特点；人造文化石采用硅钙、石膏等材料精制而成。它模仿天然石材的外形纹理，具有质地轻、色彩丰富、不霉、不燃、便于安装等特点。

5. 水磨石饰面板

它是将大理石石粒、颜料、水泥、中砂等材料经过选配制坯、养护、磨光打亮而制成。具有色泽多样，表面光滑，美观耐用的特点。

（三）装饰抹灰

1. 抹灰层次

装饰抹灰有水刷石、水磨石、斩假石、干黏石、喷砂、喷涂、彩色抹灰等多种形式，无论选用哪一种，都须分层涂抹。涂抹层次可分为底层、中层和面层。底层主要起黏结作用，中层主要起找平作用，面层起装饰作用。

2．主要抹灰材料

（1）白水泥

是白色硅酸盐水泥的简称，一般不用于墙面，多为装饰性用，如白色墙面砖的勾缝。

（2）彩色石渣

是由大理石和白云石等石材经破碎而成，用于水刷石、干黏石等，要求颗粒坚硬、洁净，含泥量不大于2%。

（3）花岗岩石屑

是花岗岩的碎料，平均粒径为2~5mm，主要用于斩假石面层。

（4）彩砂

有天然的和人工烧制的，主要用于外墙喷涂。其粒径为1~3mm，要求颗粒均匀、颜色稳定，含泥量不超过2%。

（5）颜料

是配制装饰抹灰色彩的调色材料。要求耐碱、耐日光晒，其掺量不超过水泥用量的12%。

（6）107胶

为聚乙烯醇缩甲醛，是一种有机类胶黏剂。常拌于水泥中使用，能加强面层与基层的黏结，提高涂层的强度及柔韧性，减少开裂。

（7）有机硅憎水剂

如甲基硅醇钠，是一种无色透明液体。当面层抹灰完成后，将其喷于层面之外，起到憎水、防污的作用。

（四）金属材料

主要指型钢、铸铁、锻铁、铸铝和各种金属网材，如镀锌铅丝网、铝板网、不锈钢网等，用于局部金属景墙的施工。

二、景墙的设计要求

（一）保证有足够的稳定性

1．平面布置

景墙一般以锯齿形错开或沿墙轴线前后错动，折线、曲线和蛇形布置，其稳定性好。

而直线形稳定性较差，须增加墙厚或扶壁来提高稳定性。景墙常采用组合方式进行平面布置，如景墙与景观墙体建筑、景观挡土墙、花坛之间的组合，都将提高景观墙体的稳定性。

2. 基础

一般地基土上基础深度为 45~60cm。在黏土上，基础埋深要求达到 90cm 甚至更深。当地基土质不均时，景墙基础可采用混凝土、钢筋混凝土，基础的宽度与埋深最好咨询结构工程师。

（二）抵抗外界环境变化

1. 抵御雨雪的侵蚀

景墙往往处于露天环境，这就要求墙体从砌筑材料的选择上和外观细部设计上应考虑雨、雪的影响。

2. 防止热胀冷缩的破坏

景墙为适应热胀冷缩的影响，需要做伸缩缝和沉降缝。一般用砖、混凝土砌块所做的景墙，每隔 12m 需留一条 10mm 宽的伸缩缝，并用专用的有伸缩性的胶黏水泥填缝。

（三）具有与环境景观协调的造型与装饰

景墙是以造景为第一目的，外观设计上应处理好色彩、质感和造型，既要体现不同造型，又要表现一定的装饰效果。

在景墙上进行雕刻或者彩绘艺术作品；在居住区、企业、商业步行街等场所提供名称、标志性符号等信息；通过多种透空方式，形成框景，以增加景观的层次和景深；现代景墙常与喷泉、涌泉、水池等搭配，加上灯光效果，使其更有观赏性。

三、景墙的几种表现形式

（一）砖砌景墙

砖砌景墙的外观效果取决于砖的质量，部分取决于砌合的形式。砌体宜采用"一顺一丁"砌筑。若为清水墙，对其砖表面的平整度、完整性、尺度误差和砖与砖之间勾缝及砌砖排列方式要求严格，否则将直接影响其美观；若砖墙表面做装饰抹灰或贴各种饰面材料，则对砖的外观和灰缝要求不高。

（二）石砌景墙

石砌景墙能给环境带来自然、永恒的感觉。石块的类型有多种，石材表面通过留自然荒包、打钻路、扁光等方式进行加工处理，可以得到多种表面效果。同时，天然石块（卵石）的应用也是多样的。这就使石砌景墙有不同砌合与表现形式，构成不同的景观效果。

（三）混凝土砌块景墙

混凝土砌块常模仿天然石块的各种形状，与现代建筑搭配，应用于景墙的设计与施工之中，取得了较好的效果。混凝土砌块在质地、色泽及形状上的多种变化，使景墙更好地为整体环境发挥景观服务功能。

四、砖砌景墙的施工实践

（一）基槽放线

根据图纸设计要求，在地面上打桩放线，确定沟槽的平面位置。

（二）基槽开挖

按基槽平面位置及深度开挖基槽，基槽沟底进行素土夯实并找平。

（三）混凝土基础砌筑

清除木模板内的泥土等杂物，并浇水润湿模板。按混凝土配合比投料，投料顺序为碎石、水泥、中砂、水，配成 M7.5 水泥砂浆。当混凝土振捣密实后，表面应及时用木杆刮平，木抹子搓平，之后洒水覆盖，养护期一般不少于 7 昼夜。

（四）墙身砌筑

（1）抄平：为使砖墙底面标高符合设计要求，砌墙前应在基面（基础防潮层）上定出各层标高，并采用 M7.5 水泥砂浆找平。

（2）弹线：根据施工图要求，弹出墙身轴线、宽度线。

（3）砌筑：选用"一顺一丁"砌法，即一层顺砖与一层丁砖相互间隔砌成。上下层错缝 1/4 砖长。砖砌筑时，砖应提前 1~2 d 浇水湿润。

砌砖宜采用一铁锹灰（M5 水泥砂浆）、一块砖、一挤揉的"三一"砌砖法，即满铺、满挤操作法。砌砖时，砖要放平。里手高，墙面就要张；里手低，墙面就要背。砌砖一定要跟线，"上跟线，下跟棱，左右相邻要对平"。水平灰缝厚度和竖向灰缝宽度一般为10mm，但不应小于8mm，也不应大于12mm。

随砌随将舌头灰刮尽。用2m靠尺检查墙面垂直度和平整度，随时纠正偏差。

（五）压顶处理

根据实际情况，压顶可采用砖砌（整砖丁砌）、贴瓦或混凝土砌块安装处理。压顶高度可设置200mm左右，宽度同墙厚或挑出。

（六）墙面装饰

1. 勾缝装饰

墙面勾缝一般宜用1：2的水泥砂浆。勾缝前应清扫墙面上黏结的砂浆、灰尘，并洒水湿润。勾凹缝时，宜按"从上而下，先平（缝），后立（缝）"的顺序勾缝；勾凸缝时，宜先勾立缝，后勾平缝。

2. 抹灰装饰

底层与中层砂浆宜采用1：2的水泥砂浆，总厚度控制在12mm，待中层硬结后，再进行面层处理。面层处理可以有以下几种方式：

（1）水刷石

将水泥与石子按质量比为1：3进行拌和。拌和均匀后进行摊铺，厚度控制在30mm，拍平压实，并将内部水泥浆挤压出来，尽量保证石子大面朝上，再用铁抹子溜光压实，反复3~4遍，待水泥初凝（指按无痕）用刷子刷不掉石子为宜。然后开始喷洒面层水泥浆，喷洒分两遍进行，第一遍用毛刷蘸水刷去水泥砂浆，露出石料；第二遍用喷雾器将四周表面喷湿润。之后喷水冲洗，喷头距墙面10~20cm，喷刷要均匀，使石子表面露出1~2mm为宜，最后用水管将表面冲刷干净。当墙面较大时，可用3mm厚玻璃条分隔，施工完毕玻璃条不取出。

（2）喷砂

喷砂前，墙面应平整无孔洞，墙面无粉尘，将墙面喷水充分湿润，深度为3mm左右，使其为内湿状态。

喷砂材料配合比应按粉与砂比为1：2.0~1：1.5配制，并加喷砂专用胶搅拌均匀，搅拌时间应为1.5~2.0min。搅拌好的材料应在2.5~3.0h用完，以免硬化。

施工时，空气压缩机压力不得小于8mPa，以确保喷砂附着力。喷枪与墙面应保持垂直状态，距离为30~50cm，由上而下或由左而右匀速进行喷洒施工。喷砂点高度为1~

3 min，底部直径 2mm 左右，以形成点、网状均匀覆盖基层为宜。

（3）喷涂

喷涂作业时，手握喷枪要稳，涂料出口应与被涂面垂直，喷枪移动时应与涂面保持平行。喷枪运行速度要适宜，且应保持一致。

喷枪直线喷涂移动 70~80cm 后，应拐弯 180° 向后喷涂下一行。喷涂时，第一行与第二行的重叠宽度控制在喷涂宽度的 1/3~1/2，使涂层厚度比较均匀，色调基本一致。喷涂要连续作业，到分界处再停歇。

喷涂一般分遍完成，波状和花点喷涂为两遍，粒状喷涂为三遍，前后两遍的喷涂间隔为 1~2 h。涂料干燥前，应防止雨淋，尘土沾污。

（4）彩色抹灰

面层材料可以选择水泥色浆，抹灰后形成不同的色彩线条和花纹等装饰效果。

第二节 廊架工程施工

廊架实际上包含廊和架两方面含义，它是以木材、竹材、石材、金属、钢筋混凝土为主要原料添加其他材料凝合而成，供游人休憩、景观点缀之用的建筑体。廊架的位置选择较灵活，公园隅角、水边、园路一侧、道路转弯处、建筑旁边等都可设立。在形式上可与亭廊、建筑组合，也可单独设立于草坪之上。

一、廊架在园林中的作用

廊架多为平顶或拱门形，一般不攀爬植物，有攀缘植物的可以称为花架（廊式花架）。

1. 联系功能。廊架可将单体建筑连成有机的群体，使之主次分明，错落有致；廊架可配合园路，构成全园交通、浏览及各种活动的通道网络，以"线"联系全园。

2. 分隔与围合空间。在花墙的转角处，以种植竹石、花草构成小景，可使空间相互渗透，隔而不断，层次丰富。廊架又可将空旷开敞的空间围成封闭的空间，在开阔中有封闭，热闹中有静谧，使空间变幻的情趣倍增。

3. 造景功能。廊架样式各异，外形美观，加之材质丰富，其本身就是一道景观。而且廊架的自身构造为绿化植被的立面发展创造了条件，避免了植物种植的单一与单薄，使得乔木、灌木、藤本植物各有发展空间，相得益彰。

4. 遮阳、防雨、休憩功能。无论是现代还是古典特色廊架均可为人们提供休闲、休憩的场所，同时还有防雨淋、遮阳的作用，形成观赏的佳境。

二、廊架的形式

（一）廊的表现形式

根据廊的平面与立面造型，可分为双面空廊、单面空廊、复廊、双层廊、爬山廊、曲廊和单支柱廊等。

（二）廊架的表现形式

1. 单片式

该花架是简单的网格式，其作用是为攀缘植物提供支架，在高度上可根据需要而定，而在长度上可适当延长，材料多用木条或钢铁制作，一般布置在庭院及面积较小的环境内。

2. 独立式

这种花架一般是作为独立观赏的景物，在造型上可以设置为类似一座亭子，顶盖是由攀缘植物的叶与蔓组成，架条从中心向外放射，形成舒展新颖、别具风韵的风格。

3. 直廊式

这种花架是园林中常见的一种表现形式，类似于葡萄架。此花架是先立柱，再沿柱子排列的方向布置梁，在两排梁上按照一定的间隔布置花架条，两端向外挑出悬臂，在梁与梁之间，可布置坐凳或花窗隔断，既提供休憩场所，又有良好的装饰效果。

4. 组合式

组合式是将直廊式花架与亭、景墙或独立式花架结合，形成一种更具有观赏性的组合式建筑。

三、廊架的位置选择

（一）廊的位置选择

1. 平地建廊

常建于草坪一角、休憩广场中、大门出入口附近，也可沿园路布置或与建筑相连等。在小型园林中建廊，常沿界墙及附属建筑物以"占边"的形式布置。有时，为划分景区，增加空间层次，使相邻空间造成既有分割又有联系的效果，可把廊、墙、花架、山石、绿化互相配合起来进行。

2. 水上建廊

位于岸边的廊，廊基一般与水面相接，廊的平面也大体贴紧岸边，尽量与水接近。在水岸自然曲折的情况下，廊大多沿着水边成自由式格局，顺自然之势与环境相融合。

驾临水面之上的廊，以露出水面的石台或石墩为基，廊基一般宜低不宜高，最好使廊的底板尽可能贴近水面，并使两侧水面能穿经廊下而互相贯通，人们在廊上漫步，宛若置身水面之上，别有风趣。

3. 山地建廊

可供游山观景和联系山坡上下不同标高的建筑物之用，也可借以丰富山地建筑的空间构图。

（二）花架的位置选择

花架在庭院中的布局可以采取附建式，也可以采取独立式。附建式属于建筑的一部分，是建筑空间的延续。它应保持建筑自身统一的比例与尺度，在功能上除供植物攀缘或设桌凳供游人休憩外，也可以只起装饰作用。独立式的布局应在庭院总体设计中加以确定，它可以在花丛中，也可以在草坪边，使庭院空间有起有伏，增加平坦空间的层次，有时亦可傍山临池随势弯曲。花架如同廊道也可起到组织浏览路线和组织观赏景点的作用。布置花架时一方面要格调清新，另一方面要注意与周围建筑和绿化栽培在风格上的统一。

四、廊架的常用材料

廊架的材料可分为人工材料和自然材料两种，在建造廊架时，选择不同的材料，可形成不同的廊架，见表3-1。

表3-1 廊架的常用材料

材料		说明
人工材料	金属品	铁管、铝管、铜管、不锈钢管均可应用
	水泥品	水泥、粉光、洗石、磨石、清水砖、美术砖、瓷砖、马赛克等。本身骨干以钢筋混凝土制作，表面以上述材料装饰
	塑胶品	塑胶管、硬质塑胶、玻璃纤维（玻璃钢）。塑胶管绿廊需要考虑绿廊顶架的负荷，包括攀附其上的枝干重量，塑胶管的厚度及管内填充物。须有底模，花样多，但造价较昂贵
自然材料	木竹绿廊	常用的一种，材质轻，质感好，造型简单容易，易保养
	树廊	用可遮阳的树枝、枝条相交培育成廊架的形式。如行道树、凤凰木、榕树、木麻黄夹道成行
	石廊	用自然石加工或不加工构筑而成

五、廊架的构造与设计

以绿廊（花架）为例加以说明。

绿廊的顶部为平顶或拱门形，宽度 2~5m，高度则依宽度而定，高与宽之比为 5：4。绿廊的四侧设有柱子，柱子的距离一般在 2.5~3.5m。柱子依材料选取，可分为木柱、铁柱、砖柱、石柱、水泥柱等。柱子一般用混凝土做基础，如直接将木柱埋入土中，要求将埋入部分用柏油涂抹防腐。

柱子顶端架着格子条，其材料多为木条，亦有用竹竿和铁条的。柱子顶端主要由梁、椽和横木三个部分构成。梁，是由两根柱子所支持的横梁；椽，是架在梁上的木条；横木，木条架于椽上，是构成格子的细条，其距离依攀缘植物的性质而异。

绿廊在自然式庭院中，常将木柱保留树皮，或将水泥柱故意做成树皮状，如加油漆，常漆成绿色，以利与自然环境统一；规则式庭院中，则多漆成白色或乳黄色，以增加情趣，减少单调。绿廊中一般均配置座椅以供休憩。

第三节 园桥工程施工

园林中的桥，可以联系风景点的水陆交通，组织游览线路，变换观赏视线，点缀水景，增加水面层次，兼有交通和艺术欣赏的双重作用。园桥在造园艺术上的价值，往往超过交通功能。

园桥的位置和体型要与景观相协调。大水面架桥，又位于主要建筑附近的，宜宏伟壮丽，重视桥的体形和细部的表现；小水面架桥，则宜轻盈质朴，简化其体形和细部。水面宽广或水势湍急者，桥宜较高并加栏杆；水面狭窄或水流平缓者，桥宜低并可不设栏杆。水陆高差相近处，平桥贴水，过桥有凌波信步亲切之感；沟壑断崖上危桥高架，能显示山势的险峻。水体清澈明净，桥的轮廓须考虑倒影；地形平坦，桥的轮廓宜有起伏，以增加景观的变化。此外，还要考虑人、车和水上交通的要求。

一、园桥的类型

园林中的桥，可以联系风景点的水陆交通，组织游览线路，转换观赏视线，点缀水景，增加水面层次，兼有交通和艺术欣赏的双重作用。

（一）平桥

平桥有木质桥、石质桥、钢筋混凝土桥等。其特点是桥面平整，为一字形，结构简单，桥身不设栏杆或只做矮护栏，桥主体结构是木梁、石梁、钢筋混凝土直梁。

平桥造型简朴雅致，其紧贴水面设置，或增加风景层次，或便于观赏水中倒影，池里游鱼，或平中有险，别有一番乐趣。

（二）平曲桥

平曲桥的构造同平桥，其桥面形状不为一字形，而是左右转折的折线形。根据转折数可分为三曲桥、五曲桥、七曲桥、九曲桥等。转折角多为 90° 和 120°，有时也采用 150° 转角。其桥面为低而平的构造形式，景观效果好。

平曲桥的作用不在于便利交通，而是要延长游览行程的时间，以扩大空间感，在曲折中变换游览者的视线方向，做到"步移景异"；也有的用来陪衬水上亭、榭等建筑物，如上海城隍庙九曲桥。

（三）拱桥

拱桥是园林造景用桥的主要形式，多置于大水面，桥面抬高，做成玉带状。其特点为筑桥材料易得、施工简单且造价低，多应用于园林工程造园之中。拱桥分为石拱桥和砖拱桥，也有钢筋混凝土拱桥。

（四）亭桥与廊桥

在桥面较高的平桥或拱桥上建造亭、廊的桥，称为亭桥或廊桥。其可供游人遮阳避雨，又可增加桥的形体变化。亭桥如杭州西湖三潭印月，廊桥如苏州拙政园"小飞虹"。

（五）栈桥与栈道

栈桥与栈道没有本质上的区别，架设长桥作为道路是它们的基本特点。栈桥多独立设置在水面或地面上，而栈道则更多地依傍于山壁或岸崖处。

（六）吊桥

吊桥是利用钢索、铁索为结构材料，把桥面悬吊在水面上的一种园桥形式。其主要用于风景区河面或山沟上。

（七）汀步

汀步是没有桥面只有桥墩的特殊造型的桥，即特殊的路。它是采用线状排列的块石、混凝土墩或预制汀步构件布置在浅水区域、沼泽区等形成的步行通道。

二、园桥的位置选择

桥位选址与景区总体规划、园路系统、水面的分隔或聚合、水体面积大小密切相关。

在大水面上建桥，最好采用曲桥、廊桥、栈桥等比较长的园桥，桥址应选在水面相对狭窄的地方。当桥下不通游船时，桥面可设计低平一些，使人更接近水面；桥下需要通过游船时，则可把部分桥面抬高，做成拱桥样式。另外，在大水面沿边与其他水道相交接的水口处，设置拱桥或其他园桥，可以增添岸边景色。

庭院水池或面积较小的人工湖，适宜布置体量较小、造型简洁的园桥。若是用桥来分隔水面，则小曲桥、拱桥、汀步等都可选用。

在园路与河流、溪流交接处，桥址应选在两岸之间水面最窄处或靠近较窄的地方。跨越带状水体的园桥，造型可以比较简单，有时甚至只搭上一个混凝土平板，就可作为小桥，但是桥虽简单，其造型还是应有所讲究，要做得小巧别致，富于情趣。

在园林内的水生及沼泽植物景区（如湿地公园），可采用栈桥形式，将人们引入沼泽地游览观景。

三、园桥的结构形式

园桥的结构形式随其主要建筑材料而有所不同，如钢筋混凝土桥与木桥的结构常用板梁柱式，石桥常用拱券式或悬壁梁式，铁桥常采用桁架式，吊桥常用悬索式。

（一）板梁柱式

它以桥柱或桥墩支承桥体重量，以直梁柱简支梁方式两端搭在桥柱上，梁上铺设桥板作桥面。在桥孔跨度不太大的情况下，也可不用桥梁，直接将桥板两端搭在桥墩上，铺成桥面。桥梁、桥板一般用钢筋混凝土预制或混凝土现浇。如果跨度较小，也可用石梁或石板搭建。

（二）悬壁梁式

桥梁从桥孔两端向中间悬挑伸出，在悬挑的梁头再盖上短梁或桥板，连成完整的桥孔。这种方式可以增大桥孔的跨度，以方便桥下行船。石桥和钢筋混凝土桥都可以采用悬壁梁式结构。

（三）拱券式

桥由砖、石材料拱券而成，桥体重量通过圆拱传递到桥墩。单孔桥的桥面一般也是拱形，所以它基本上都属于拱桥。三孔以上的拱券式桥，其桥面多数做成平整的路面形式，但也有把桥顶做成半径很大的微拱形桥面。

（四）桁架式

它用铁制桁架作为桥体。桥体杆件多为受拉或受压的轴力构件，这种杆件取代了弯矩产生的条件，使构件的受力特性得到充分发挥。杆件的结点多为铰接。

（五）悬索式

它是一般索桥的结构形式。以粗长悬索固定在桥的两头，底面有若干根钢索排成一个平面，其上铺设桥板作为桥面；两侧各有一至数根钢索从上到下竖向排列，并由许多下垂的钢绳相互串联在一起，下垂钢绳的下端，则吊起桥板。

四、拱桥中拱圈施工技术

拱圈是拱桥的主要承重结构，是整个拱桥施工的关键环节，施工中必须予以重视。拱圈施工方法有两种：一种为有支架施工方法，另一种为无支架施工方法。

（一）拱架搭设

（1）拱架采用钢管脚手架满布式搭设于排架之上（排架采用6m长，间距为1 000mm×1 000mm的松木桩打设而成），立杆间距为600mm×800mm，步距根据桥拱实际尺寸灵活布置，但不得少于两步。

（2）为使拱架具有准确的外形和外部尺寸，在拱架搭设前，先在桥台上放出拱架大样，根据大样制作加工杆件，待杆件加工完毕后，再进行试拼，然后在桥孔中安装。

（二）拱圈砌筑（或浇筑）

修建拱圈时，为保证整个施工过程中拱架受力均匀，变形最小，必须选择适当的砌筑方法和顺序。一般根据跨径大小、构造形式等分别采用不同繁简程度的施工方法。

通常跨径在10m以下的拱圈，可按拱的全宽和全厚，由两侧拱脚同时对称地向拱顶砌筑，但应争取尽快的速度，使在拱顶合拢时，拱脚处的混凝土未初凝或石拱桥拱石砌缝中的砂浆尚未凝结。跨径为10~15m的拱圈，最好在拱脚预留空缝，由拱脚向拱顶按全宽、全厚进行砌筑（浇筑混凝土）。待拱圈砌浆达到设计强度70%后（或混凝土达到设计强度），再将拱脚预留空缝用砂浆（或混凝土）填塞。

（三）拱架的卸落

拱圈砌筑（或现浇混凝土）完毕，待达到一定强度后即可拆除拱架。如果施工情况正常，在拱圈合拢后，拱架应保留的最短时间与跨径大小、施工期间的气温、养护的方式等因素有关。对于石拱桥，一般当跨径在 20m 以内时为 20 昼夜；跨径大于 20m 时为 30 昼夜。对于混凝土拱桥，按设计强度要求，视混凝土试压强度的具体情况确定。因施工要求必须提早拆除拱架时，应适当提高砂浆（或混凝土）标号或采取其他措施。

（四）拱上建筑施工

拱上建筑的施工，应在拱圈合拢，混凝土或砂浆达到设计强度30%后进行。对于石拱桥，一般不少于合拢后 3 昼夜。

拱上建筑的施工，应避免使主拱圈产生过大的不均匀变形。实腹式拱上建筑，应由拱脚向拱顶对称地砌筑。当侧墙砌筑好以后，再填筑拱腹填料及修建桥面结构等。空腹式拱桥一般是在腹孔墩砌完后就卸落拱架，然后再对称均衡地砌筑腹拱圈，以免由于主拱圈的不均匀下沉而使腹拱圈开裂。

（五）拱桥施工中注意事项

1. 保证桥台的施工质量

拱桥是一种有推力的结构。桥台的质量对整个拱桥的安全影响很大，对于地质条件较差的拱桥墩台更应注意。施工中也要注意及时进行台后填土并分层夯实。拱桥造好后，若台后无填土，土压力起不到作用，是十分危险的。当拱桥的桥台后设有挡土墙时，须注意挡土墙的基础不要落在桥台上，否则将会引起挡土墙的不均匀沉降，造成在桥台与挡土墙接缝处的上端拉开。

2. 拱桥必须对称均衡施工

拱桥的各阶段施工均注意对称均衡施工，以免拱轴线发生不正常变形，导致安全和质量事故。不但在砌筑时要对称均衡，卸落拱架时也要对称均衡。

第四节　园亭工程施工

园亭是供游人休憩和观景的园林建筑。园亭的特点是周围开敞，在造型上相对地小而集中，因此，亭常与山、水、绿化结合起来组景，并作为园林中"点景"的一种手段。在造型上，要结合具体地形、自然景观和传统设计并以其特有的姣美轻巧、玲珑剔透形象与周围的建筑、绿化、水景等结合而构成园林一景。

园亭的构造大致可分为亭顶、亭身、亭基三部分。体量宁小勿大，形制也较细巧，竹、木、石、砖、瓦等地方性传统材料均可修建。现在更多的是用钢筋混凝土或兼以轻钢、铝合金、玻璃钢、镜面玻璃、充气塑料等新型材料组建而成。其施工步骤为：定点放线→基础施工→柱子浇筑→地坪施工→柱子装饰→亭顶施工。

一、园亭的特点

园亭是供游人休憩、观景或构成景观的开敞或半开敞的小型园林建筑。现代园林中的园亭式样更加抽象化，亭顶成圆盘式、菌蕈式或其他抽象化的建筑，多采用对比色彩，装饰趣味多于实用价值。

（一）兼有实用和观赏价值

园亭既作点缀景观之需，又是供游人驻足休憩之处，可防日晒、雨淋，消暑纳凉，畅览园林景色。

（二）造型优美，形象生动

现代新型园亭千姿百态，在传统亭的基础上，增加时代气息，优美、轻巧、活泼、多姿是园亭的特点。

（三）与周围环境的巧妙结合

亭身一般为四面灵空，空间通透，在建筑空间上，亭能完全融入园林环境之中，内外交融，浑然一体，它在空间上体现了有限空间的无限性。能集纳园林诸景，聚散山川云气，产生无中生有的空间景象。

（四）在装饰上，繁简多样

亭在装饰上繁简皆宜，可以精雕细琢，构成花团锦簇之亭；也可不施任何装饰，构成简洁质朴之亭，别具一格。

二、园亭的类型

根据园亭的建造材料不同，可分为以下几种类型：

（一）木结构亭

传统的木结构亭承重结构不是砖墙而是木柱，墙只起到围护作用。所以亭的形态可灵活多变，而且由于亭的形体小，其构造可不受传统做法的限制。从亭的造型上看，主要取决于其平面形状和屋顶形式。

（二）砖结构亭

砖结构亭一般是用砖发券砌成，支撑屋面。如碑亭，其体形厚重，与亭内的石碑相称。也有的小亭略显轻巧，是由于其跨度较小所致。北京北海公园团城玉翁亭亭高 6.7m，柱距2.3m，四面坡顶，木檐椽上覆琉璃瓦，上部结构用砖砌锅盔券。

另有一些纪念性的亭子使用石材结构，也有梁柱用石材的，其他仍用木质结构，如苏州沧浪亭，既古朴庄重，又富自然之趣。

（三）竹亭

多见于江南一带，取材方便，形式上轻巧自然。近年来，由于竹材处理技术的发展与完善，用竹材造亭有所增加。竹亭建造比较简易，内部可用木结构、钢结构等，而外表选用竹材，使其既美观牢固，又易于施工。

（四）钢筋混凝土结构亭

钢筋混凝土结构亭主要有三种表现形式：一是现场用混凝土浇筑，结构较坚固，但制作细部较浪费模具；二是用预制混凝土构件焊接装配；三是使用轻型结构，顶部采用钢板网，上覆混凝土进行表面处理。

（五）钢结构亭

钢结构亭可有多变的造型，在北方建亭需要考虑风压、雪压的负荷。对于屋面不一定全部使用钢结构，可使用其他材料相结合的做法，形成丰富的造型。

此外，园亭从平面看，有三角、四角、五角、六角、圆形等；从亭顶看，有平顶、笠顶、四坡顶、半球顶、伞顶、蘑菇式等；从立面看，有单檐和重檐之分，极少有三重檐；亭除单体式外，也有组合式以及与廊架、景墙相结合的形式等。

三、园亭的构造

园亭一般小而集中，向上独立而完整，由地基、亭柱和亭顶三部分组成，另外还有附设物。

（一）地基

基础采用独立柱基或板式柱基的构造形式，较多地采用钢筋混凝土结构方法。基础的埋置深度不应小于 500mm。亭子的地上部分负荷重者，须加钢筋、地梁；地上部分负荷较轻者，如用竹柱、木柱盖以稻草的，可将亭柱部分掘穴以混凝土做基础即可。

（二）亭柱

亭柱一般为几根承重立柱，形成比较空灵的亭内空间。柱的断面多为圆形或矩形，也有多角形，其断面尺寸一般为 $\varphi 250 \sim 350mm$ 或 $250mm \times 250mm \sim 370mm \times 370mm$，具体数值应根据亭子的高度与所用结构材料而定。亭柱的结构材料有水泥、石块、砖、树干、木条、竹竿等。

（三）亭顶

亭子的顶部梁架可用木料做成，也有用钢筋混凝土或金属铁架的。亭顶一般可分为平顶和攒尖顶，形状有方形、圆形、多角形、梅花形和不规则形等，顶盖材料可选用瓦片、稻草、茅草、树皮、木板、竹片、柏油纸、石棉瓦、塑胶片、铝片、洋铁皮等。

（四）附设物

为了美观与适用，往往在园亭旁边或内部设置桌椅、栏杆、盆钵、花坛等附设物，但设置不必多，以适量为原则，也可在亭的梁柱上采用各种雕刻装饰。

四、园亭位置的选择

（一）山地建亭

适宜远眺的地形，尤其在山巅、山脊上，其眺览的范围大、方向多，同时也为游人登山中的休憩提供一个坐坐看看的环境。一般选在山巅、山腰台地、山坡侧旁、山洞洞口和山谷溪涧等处。

（二）临水建亭

水面设亭，宜尽量贴近水面，宜低不宜高，宜突出于水中，三面或四面为水面所环绕。凌驾于水面的亭常位于小岛、半岛或水中石台之上，以堤、桥与岸相连，岛上置亭可形成水面之上的空间环境，别有情趣。一般选在临水岸边、水边石矶、岛上和泉、瀑一侧。

（三）平地建亭

一般位于道路的交叉口，路旁的林荫之间，有时为一片花木山石所环绕，形成一个小的私密性空间气氛的环境。通常选在草坪上、广场上、台阶之上、花间林下，以及园路的中间、一侧、转折和岔路口处。

第五节　花坛砌筑工程施工

花坛的体量、大小也应与花坛设置的广场、出入口及周围建筑的高低成比例，一般不应超过广场面积的1/3，不小于1/5。出入口设置花坛以既美观又不妨碍游人路线为原则，在高度上不可遮住出入口视线。花坛的外部轮廓也应与建筑物边线、相邻的路边和广场的形状协调一致。色彩应与所在环境有所区别，既起到醒目和装饰作用，又与环境协调，融于环境之中，形成整体美。

要想成功完成花坛砌筑工程，就要掌握花坛的布置方式、不同砌体结构花坛的特点，运用建造花坛的材料，正确进行花坛工程施工。

一、花坛的分类

中国古典园林中的花坛是指"边缘用砖石砌成的种植花卉的土台子"。随着时代的发展，花坛的形式也在变化和拓宽，有的花坛不只是种植花卉，而是以种植不同的灌木和乔木为主，以种树为主的，供观赏者，称为树池。花坛作为硬质景观和软质景观的结合体，具有很强的装饰性，分类方法有多种。

（一）按花材分类

（1）盛花花坛（花丛花坛）。

（2）模纹花坛。

①毛毡花坛。

②浮雕花坛。

③彩结花坛。

（二）按空间位置分类

（1）平面花坛。

（2）斜面花坛。

（3）立体花坛（包括造型花坛、标牌花坛等）。

（三）按花坛组合分类

（1）独立花坛（单体花坛）。

（2）组合花坛（花坛群）。

二、花坛的布置位置

花坛一般设在道路的交叉口上、公共建筑的正前方，或园林绿地的入口处，或广场的中央，即游人视线交会处，构成视觉中心，几种布置方式：位于道路交叉口，位于道路一侧，位于道路转折处，位于建筑一角等。花坛的平、立面造型应根据所在园林空间环境特点、尺度大小、拟栽花木生长习性及观赏特点而定。

树池一般设在道路两侧和道路的分车带上、广场上、建筑前或与花坛结合布置。

三、花坛建造所需材料

（一）花坛砌筑材料

（1）普通砖。

（2）石材。

（3）砂浆。

（4）混凝土。

（二）花坛装饰材料

花坛砌体材料主要是砖、石块等，通过选择砖、石块的颜色、质感及砌块的组合与勾缝的变化，形成美的外观。

1. 砖的勾缝类型

（1）齐平

齐平是一种平淡的装饰缝，雨水直接流经墙面，适用于露天的情况。通常用泥刀将多余的砂浆去掉，并用木条或麻布打光。

（2）风蚀

风蚀的坡形剖面有利于排水。其上方 2～3mm 的凹陷在每一砖行产生阴影线。有时将垂直勾缝抹平以突出水平线。

（3）钥匙

钥匙是用窄小的弧线工具压印而成更深的装饰缝。其阴影线更加美观，但对于露天的场所不适用。

（4）突出

突出是将砂浆抹在砖的表面。它将起到很好的保护作用，并伴随着日晒雨淋而形成迷人的乡村式外观。可以选择与砖块的颜色相匹配的砂浆，或用麻布打光。

（5）提桶把手

提桶把手的剖面图为曲线形，它利用圆形工具获得，该工具是镀锌桶的把手。提桶把手适度地强调了每块砖的形状，而且能防日晒雨淋。

（6）凹陷

凹陷是利用特制的"凹陷"工具，将砖块间的砂浆方方正正地按进去，强烈的阴影线夸张地突出了砖线。本方法只适用非露天的场地。

2. 石块勾缝装饰

（1）蜗牛痕迹

蜗牛痕迹使线条纵横交错，使人觉得每一块石头都与相邻的石头相配。当砂浆还是湿的时候，利用工具或小泥刀沿勾缝方向画平行线，使砂浆砌合变得更光滑、完整。

（2）圆形凹陷

利用湿的弯曲的管子或塑料水管，在湿砂浆上按入一定深度。这使得每块石头之间形成强烈的阴影线。

（3）双斜边

利用带尖的泥刀加工砂浆，产生一种类似鸟嘴的效果。本方法需要专业人员去完成，以求达到美观的效果。

（4）刷

"刷"是在砂浆完全凝固之前，用坚硬的铁刷将多余的砂浆刷掉而呈现出的外观效果。

（5）方形凹陷

如果是正方形或长方形的石块，最好使用方形凹陷。方形凹陷需要用专用工具处理。

（6）草皮勾缝

利用泥土或草皮取代砂浆，本方法只有在石园或植有绿篱的清水石墙上才适用。要使勾缝中的泥土与墙的泥土相连以保证植物根系的水分供应。

（三）其他材料

随着装饰材料及生产工艺的发展，一些新材料应用于花坛及树池的砌体围合之中，充当矮栏，表现很强的装饰效果，如金属材料、加工木料、塑料制品等。

四、花坛砌体结构

1. 砖砌体结构花坛。

2. 钢筋混凝土与砖砌体结构花坛。

3. 钢筋混凝土砌体结构花坛。

4. 石材砌体结构花坛。

5. 混凝土砌体结构花坛。

五、花坛施工实践

（一）砖砌花坛施工

1. 定点放线

根据花坛设计要求，将圆形花坛砌体图形放线到地面上，具体操作方法如下：

（1）在地面上找出花坛中心点，并打桩定点。

（2）以桩点为圆心以 R 为半径画出两个同心圆，用白灰在地面上做好标记。

2. 基础处理

（1）放线完成后，按照已有的花坛边缘线开挖基槽。

（2）基槽开挖宽度应比墙体基础宽 100mm 左右，深度根据设计而定，一般在 120mm。

（3）槽底要平整，素土夯实。

（4）根据设计尺寸，确定花坛的边线及标高，并打设龙门桩。在混凝土基础边外，放置施工挡板，在挡板上画出标高线，采用 C10 混凝土做基础，厚 80cm。

3. 砌筑施工

（1）砌筑前，应对花坛位置尺寸及标高进行复核，并在混凝土基础上弹出其中心线及水平线。

（2）对砖进行浇水湿润，其含水率一般控制在 10%～15%。

（3）对基层砂灰、杂物进行清理并浇水湿润。

（4）用 M5.0 混合砂浆，MU≥7.5 标准砖砌筑，高为 560mm。选用"一顺一丁"砌法，即一层顺砖与一层丁砖相互间隔砌成。要求砂浆饱满，上下错缝，内外搭接，灰缝均匀。

（5）墙砌筑好之后，回填土将基础埋上，并夯实。

4．花坛装饰

（1）用水泥和粗砂配 1∶2.5 的水泥砂浆对墙体抹面，抹平即可，不要抹光。

（2）最后，根据设计要求，用 20mm 厚米黄色水刷石饰面。

5．种植床整理

当花坛装饰完成后，对种植床进行整理。在种植床中，填入较肥沃的田园土，有条件的再填入一层肥效较长的有机肥作为基肥，然后进行翻土作业，一面翻土，一面挑选、清除土中杂物。把表层土整细、耙平，以备植物图案放线，栽种花卉植物。

（二）五色草立体花坛施工

1．分析设计图案

（1）五色草立体花坛是利用不同种类的五色草，配置草花、灌木，建造立体景物或组成文字，美观高雅，富有诗情画意。

（2）下面以大象立体花坛为例具体说明：本立体（造型）花坛，以五色草为主体，其他花木作配材，动物造型为大象，图案设计简洁大方。

2．骨架制作

制作之前，要根据所设计的大象立体形象，用泥或石膏、木材等按比例制作模型。骨架也叫架林，是动物造型的支撑体，一般情况要按大象的形象，设计出大小宽窄和高度相宜的骨架。骨架用工字钢、角钢、钢筋焊接制作，也可用木材、竹材或砖石等材料制作。骨架结构要坚固，按预计的承重力选择用料，绝对避免用材不合理出现变形或倒塌。骨架表面焊上细钢筋，每根长 8～10cm，骨架中间必须要加固立柱，起支撑和承重作用。

3．骨架安装

注意骨架各边的尺寸，要小于原设计 8～10cm，用于在骨架上铺网、缠草、抹泥、栽草等。整个大象形体下面要求有十字铁做基础，灌筑于地下深约 1m，以防止倾斜。

4．搭荫棚、缠草把

为防止泥浆暴晒而干裂，在缠草之前必须先立支架，搭上荫棚，同时也可避免雨水冲

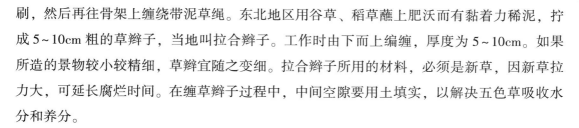

刷，然后再往骨架上缠绕带泥草绳。东北地区用谷草、稻草蘸上肥沃而有黏着力稀泥，拧成 5~10cm 粗的草辫子，当地叫拉合辫子。工作时由下而上编缠，厚度为 5~10cm。如果所造的景物较小较精细，草辫宜随之变细。拉合辫子所用的材料，必须是新草，因新草拉力大，可延长腐烂时间。在缠草辫子过程中，中间空隙要用土填实，以解决五色草吸收水分和养分。

5. 栽五色草

栽草本着先上后下，先左后右，先放线栽出轮廓，然后再顺序栽植。栽植要细心，选草适当，密度适宜，并要均匀地划分株行。栽植时一般用稍尖的木棒挖栽植穴，栽后要按实，栽时注意苗和体床面呈锐角，一般 45°~60° 锐角栽植，小苗斜向上生长，着光好，根系也可自然向下，抗旱性好，浇水时不易被冲掉。

6. 养护管理

五色草立体花坛的养护工作对于保持花坛的造型效果有着重要的作用，要求比较细致，而且要坚持经常养护管理，主要有浇水、拔除杂草和修剪。

（1）水分管理

由于土层薄，含水少，小苗生长慢，栽后一周内每天喷水两次，保持土壤潮湿，待小苗长根与土壤密接后，可适当减少浇水量。

（2）定型修剪

五色草立体花坛栽后半个月就要进行修剪，在 7~8 月生长旺季时，最好每半个月修剪一次。修剪时要根据花坛纹样剪得凸凹有致，线条要保持平直，以突出观赏效果。纹样两侧要剪成坡面，这样可形成浮雕效果，另外在修剪时，可同时进行除杂和补苗工作。补苗时一定要按原要求，缺什么苗补什么苗，以便保护设计效果。

（3）病虫害控制

五色草易受地老虎危害，可在栽植前用 3% 呋喃丹颗粒剂防治，每平方米用药量为 3~5g。用药量不宜过多，施药过多不仅浪费，还影响花草的根部发育。生长季节，天旱时易发生红蜘蛛、蚜虫等，可用乐果 1 500 倍液喷洒防治。

第四章 园林绿化工程施工

第一节 乔灌木栽植施工

绿化是园林建设的主要部分，没有绿的环境，就不能称其为园林。绿化工程施工是以植物作为基本的建设材料，按照绿化设计进行具体的植物栽植和造景。植物是绿化的主体，植物造景是造园的主要手段，由于园林植物种类繁多，习性差异很大，立地条件各异，为了保证其成活和生长，达到设计效果，栽植施工时必须遵守一定的操作规程，才能保证绿化工程施工质量。

树木景观是园林和城市园林景观的主体部分，树木栽植工程则是园林绿化最基本、最重要的工程。在实施树木栽植之前，应先整理绿化现场，去除场地上的废弃杂物和建筑垃圾，换来肥沃的栽植壤土，并把土面整平耙细。然后按照一定的程序和方法进行栽植施工。

要想成功完成乔灌木栽植施工，就要正确分析影响苗木栽植成活的因素，做好栽植前的准备工作，根据树木栽植方法，学会并指导乔木和灌木栽植施工。其工作步骤为：施工准备；场地平整；定点放线；选苗、掘苗及运输；挖种植穴；定植；植后养护。

一、影响苗木栽植成活的因素

由于影响苗木栽植成活的因素很多，所以要想使苗木栽植成活，需要采取多种措施，并在各个环节严把质量关。影响苗木栽植成活的因素总结如下：

（一）异地引进苗木

有些异地引进的苗木，由于不适应本地土质及气候条件，会渐渐死亡。

（二）受污染的苗木

移栽后的苗木被工厂排放的某种有害气体污染或对地下水质有敏感的，会出现死亡。

（三）栽植深度

苗木栽植深度不适宜，栽植过浅宜被干死；栽植过深则可能导致根部水浇不透或根部缺氧，从而引起苗木死亡。

（四）土球的影响

移植苗木时，由于土球太小，比规范要求小很多，根系受损严重，成活较难。常绿树木移植时必须带土球方可能成活。在生长季节移植时，落叶树种也必须带土球移植，否则就会死亡。

（五）浇水不透

浇水不透，表面上看着树穴内水已灌满，如果没有用铁锹捣之，很可能就浇不透，树会死。土球未被泡透，有时水已充满整个树穴，但因浇水次数少或水流失太快，因长时间运输而内部又硬又干的土球并未吃足水，苗木也会慢慢死去。

（六）未浇防冻水和返青水

对于当年新植的树木，土壤封冻前应浇防冻水，来年初春土壤化冻后应浇返青水，否则易死亡。

（七）土壤积水

树木栽在低洼之地，若长期受涝，不耐涝的品种很可能死亡。

二、移植季节的选择

树木是有生命的机体，在一般情况下，夏季树木生命活动最旺盛，冬天其生命活动最微弱或近乎休眠状态，因此树木的栽植是有很明显的季节性的。选择树木生命活动最微弱的时候进行移植，才能保证树木的成活。

（一）春季移植

寒冷地区以春季移植比较适宜，特别是在早春解冻后到树木发芽之前。这个时期树液刚刚开始萌动，枝芽尚未萌发，蒸腾作用微弱，土壤内水分充足，温度高，移植后苗木的成活率高。到了气候干燥和刮风的季节，或是气温突然上升的时候，由于新栽的树木已经长根成活，已具有抗旱、抗风的能力，可以正常生长。

（二）夏季移植

北方的常绿针叶树种也可在雨季初进行移植。

（三）秋冬季移植

在气候比较温暖的地区以秋、初冬移植比较适宜。这个时期的树木落叶后，对水分的需求量减少，而外界的气温还未显著下降，地温比较高，树木的地下部分并没有完全休眠，被切断的根系能够尽早愈合，继续生长生根。到了春季，这批新根能继续生长，又能吸收水分，可以使树木更好地生长。

由于某些工程的特殊需要，也常常在非植树季节移植树木，这就需要采取特殊处理措施。随着科学技术的发展，大容器育苗和移植机械的推出，使终年移植已成可能。

三、栽植前的准备

绿化栽植施工前必须做好各项准备工作，以确保工程顺利进行。

1. 明确设计意图及施工任务量。

2. 编制施工组织计划。

3. 施工现场准备。

若施工现场有垃圾、渣土、废墟、建筑垃圾等，要进行清除，一些有碍施工的市政设施、房屋、树木要进行拆迁和迁移，然后可按照设计图纸进行地形整理，主要使其与四周道路、广场的标高合理衔接，使绿地排水通畅。如果用机械平整土地，则事先应了解是否有地下管线，以免机械施工时造成管线的损坏。

四、定点放线

定点放线是在现场测出苗木栽植位置和株行距。由于树木栽植方式各不相同，定点放线的方法也有很多种，常用的有以下三种。

（一）自然式配置乔、灌木放线法

1. 坐标定点法

根据植物配置的疏密度先按一定的比例在设计图及现场分别打好方格，在图上用尺量出树木在某方格的纵横坐标尺寸，再按此坐标在现场用皮尺确定栽植点在方格内的位置。

2. 仪器测放

用经纬仪依据地上原有基点或建筑物、道路将树群或孤植树依照设计图上的位置依次定出每株的位置。

3．目测法

对于设计图上无固定点的绿化栽植，如灌木丛、树群等可用上述两种方法划出树群树丛的栽植范围，其中每株树木的位置和排列可根据设计要求在所定范围内用目测法进行定点，定点时应注意植株的生态要求并注意自然美观。定好点后，多采用白灰打点或打桩，标明树种、栽植数量（灌木丛、树群）及坑径。

（二）整形式（行列式）放线法

对于成片整齐式栽植或行道树，定点的方法是先将绿地的边界、园路、广场和小建筑物等的平面位置作为依据，量出每株树木的位置，钉上木桩，其上写明树种名称。

一般行道树的定点是以路牙或道路的中心为依据，可用皮尺、测绳等，按设计的株距，每隔 10 株钉一木桩作为定位和栽植的依据，定点时如遇电杆、管道、涵洞、变压器等障碍物应躲开，不应拘泥于设计的尺寸，而应遵照与障碍物相距的有关规定来定位。

（三）等距弧线的放线法

若树木栽植为一弧线如街道曲线转弯处的行道树，放线时可从弧的开始到末尾以路牙或中心线为准，每隔一定距离分别画出与路牙垂直的直线。在此直线上，按设计要求的树与路牙的距离定点，把这些点连接起来就成为近似道路弧度的弧线，于此线上再按株距要求定出各点来。

五、苗木准备

（一）选苗

在掘苗之前，首先要进行选苗，苗木质量的好坏是影响其成活和生长的重要因素之一。除了根据设计提出对规格和树形的特殊要求外，还要注意选择生长健壮、无病虫害、无机械损伤、树形端正和根系发达的苗木。育苗期间没经过移栽的留床老苗最好不用，其移栽成活率比较低，移栽成活后多年的生长势都很弱，绿化效果不好。做行道树栽植的苗木分枝点应不低于 2.5m。城市主干道行道树苗木分枝点应不低于 3.5m。选苗时还应考虑起苗包装运输的方便，苗木选定后，要挂牌或在根基部位划出明显标记，以免挖错。

（二）掘苗前的准备工作

起苗时间最好是在秋天落叶后，土冻前、解冻后均可，因此时正值苗木休眠期，生理活动微弱，起苗对它们影响不大，起苗时间和栽植时间最好能紧密配合，做到随起随栽。

为了便于挖掘，起苗前 1~3 d 可适当浇水使泥土松软，对起裸根苗来说也便于多带宿土，少伤根系。

为了便于起苗操作，对于侧枝低矮和冠丛庞大的苗，如松柏、龙柏、雪松等，掘苗前应先用草绳拢冠，这样既可以避免在掘取、运输、栽植过程中损伤树冠，又便于起苗操作。

对于地径较大的苗木，起苗前可先在根系周边挖半圆预断根，深度根据苗木而定，一般挖深 15~20cm 即可。

（三）起苗方法

起苗时，要保证苗木根系完整。裸根乔、灌木根系的大小，应根据掘苗现场的株行距及树木高度、干径而定。一般情况下，乔木根系可按其高度的 1/3 左右确定，而常绿树带土球移植时，其土球的大小可按树木胸径的 10 倍左右确定。

起苗的方法常有两种：裸根起苗法和土球起苗法。裸根起苗适用于处于休眠状态的落叶乔木、灌木和藤本。起苗时应尽量多保留较大根系，留些宿土。如掘出后不能及时运走，为避免风吹日晒应埋土假植，土壤要湿润。

掘土球起苗木时，土球规格视各地气候及土壤条件不同而各异。对于特别难成活的树种一定要考虑加大土球。土球的高度一般可比宽度少 5~10cm。土球的形状可根据施工方便而挖成方形、圆形、半球形等，但是应注意保证土球完好。土球要削光滑，包装要严，草绳要打紧，不能松脱，土球底部要封严，不能漏土。

六、包装运输和假植

落叶乔、灌木在掘苗后装车前应进行粗略修剪，以便于装车运输和减少树木水分的蒸腾。苗木的装车、运输、卸车、假植等各项工序，都要保证树木的树冠、根系、土球的完好，不应折断树枝、擦伤树皮和损伤根系。

落叶乔木装车时，应排列整齐，使根部向前，树梢向后，注意树梢不要拖地。装运灌木可直立装车。凡远距离的裸根苗运送时，常把树木的根部浸入事先调制好的泥浆中然后取出，用蒲包、稻草、草席等物包装，并在根部衬以青苔或水草，再用苫布或湿草袋盖好根部，以有效地保护根系而不致使树木干燥受损，影响成活。装运高度在 2m 以下的土球苗木，可以立放；2m 以上的应斜放，土球向前，树干向后，土球应放稳，垫牢挤严。

苗木运到现场，如不能及时栽植，裸根苗木可以平放地面，覆土或盖湿草即可，也可在距栽植地较近的阴凉背风处，事先挖好宽 1.5~2m、深 0.4m 的假植沟，将苗木码放整齐，逐层覆土，将根部埋严。如假植时间过长，则应适量浇水，保持土壤湿润。带土球苗木临时假植时应尽量集中，将树直立，将土球垫稳、码严，周围用土培好。如时间较长，同样应适量喷水，以增加空气湿度，保持土球湿润。此外，在假植期还应注意防治病虫害。

七、挖穴栽植

挖穴质量的好坏对植株以后的生长有很大的影响。在栽苗木之前应以所定的灰点为中心沿四周向下挖坑，坑的大小依土球规格及根系情况而定，一般应在施工计划中事先确定。带土球的应比土球大 16~20cm，栽裸根苗的坑应保证根系充分舒展，坑的深度一般比土球高度稍深些（10~20cm），坑的形状一般为圆形或正方形，但无论何种形状，必须保证上下口大小一致，不得挖成上大下小或锅底形状，以免根系不能舒展或填土不实。

（一）堆放

挖穴时，挖出的表土与底土应分别堆放，待填土时将表土填入下部，底土填入上部和作围堰用。

（二）地下物处理

挖穴时如遇地下管线时，应停止操作，及时找有关部门配合解决，以免发生事故。发现有严重影响操作的地下障碍物时，应与设计人员协商，适当改动位置。

（三）施肥与换土

土壤较贫瘠时，先在穴部施入有机肥料做基肥。将基肥与土壤混合后置于穴底，其上再覆盖上 5cm 厚表土，然后栽树，可避免根部与肥料直接接触引起烧根。

土质不好的地段，穴内须换客土。如石砾较多，土壤过于坚硬或被严重污染，或含盐量过高，不适宜植物生长时，应换入疏松肥沃的客土。

（四）注意事项

（1）当土质不良时，应加大穴径，并将杂物清走。如遇石灰渣、炉渣、沥青、混凝土等不利于树木生长的物质，将穴径加大 1~2 倍，并换好土，以保证根部的营养面积。

（2）绿篱等株距较小者，可将栽植穴挖成沟槽。

八、栽植

（一）栽植前的修剪

在栽植前，苗木必须经过修剪，其主要目的是减少水分的散发，保证树势平衡，使树木成活。

修剪时其修剪量依不同树种要求而有所不同，一般对常绿针叶树及用于植篱的灌木不多剪，只剪去枯病枝、受伤枝即可。对于较大的落叶乔木，尤其是生长势较强，容易抽出新枝的树木如杨、柳、槐等可进行强修剪，树冠可剪去 1/2 以上，这样可减轻根系负担，维持树木体内水分平衡，也使得树木栽后稳定，不致招风摇动。对于花灌木及生长较缓慢的树木可进行疏枝，短截去全部叶或部分叶，去除枯病枝、过密枝，对于过长的枝条可剪去 1/3~1/2。

修剪时要注意分枝点的高度。灌木的修剪要保持其自然树形，短截时应保持外低内高。

树木栽植之前，还应对根系进行适当修剪，主要是将断根、劈裂根、病虫根和过长的根剪去。修剪时剪口应平而光滑，并及时涂抹防腐剂以防水分蒸发、干旱、冻伤及病虫危害。

（二）栽植方法

苗木修剪后即可栽植，栽植的位置应符合设计要求。

栽植裸根乔、灌木的方法是一人用手将树干扶直，放入坑中，另一人将坑边的好土填入。在泥土填入一半时，用手将苗木向上提起，使根茎交接处与地面相平，这样树根不易卷曲，然后将土踏实，继续填入好土，直到与地平或略高于地平为止，并随即将浇水的土堰做好。

栽植带土球树木时，应注意使坑深与土球高度相符，以免来回搬动土球。填土前要将包扎物去除，以利根系生长，填土时应充分压实，但不要损坏土球。

（三）栽植后的养护管理

栽植较大的乔木时，在栽植后应设支柱支撑，以防浇水后大风吹倒苗木。

栽植树木后 24 h 内必须浇上第一遍水，水要浇透，使泥土充分吸收水分，树根紧密结合，以利根系发育。

树木栽植后应时常注意树干四周泥土是否下沉或开裂，如有这种情况应及时加土填平踩实。此外，还应进行及时的中耕，扶直歪斜树木，并进行封堰。封堰时要使泥土略高于地面，要注意防寒，其措施应按树木的耐寒性及当地气候而定。

九、风景树栽植

（一）孤立树栽植

孤立树可以被配植在草坪上、岛上、山坡上等处，一般是作为重要风景树栽种的。选用作孤植的树木，要求树冠广阔或树势雄伟，或者是树形美观、开花繁盛也可以。栽植时，具体技术要求与一般树木栽植基本相同；但种植穴应挖得更大一些，土壤要更肥沃一些。根据构图要求，要调整好树冠的朝向，把最美的一面向着空间最宽最深的一方。还要调整树形姿态，树形适宜横卧、倾斜的，就要将树干栽成横、斜状态。栽植时对树形姿态的处理，一切以造景的需要为准。树木栽好后，要用木杆支撑树干，以防树木倒下，1年以后即可以拆除支撑。

（二）树丛栽植

风景树丛一般是用几株或十几株乔木灌木配植在一起；树丛可以由1个树种构成，也可以由2个以上直至7~8个树种构成。选择构成树丛的材料时，要注意选树形有对比的树木，如柱状的、伞形的、球形的、垂枝形的树木，各自都要有一些，在配成完整树丛时才好使用。一般来说，树丛中央要栽最高的和直立的树木，树丛外沿可配较矮的和伞形、球形的植株。树丛中个别树木采取倾斜姿势栽种时，一定要向树丛以外倾斜，不得反向树丛中央斜去。树丛内最高最大的主树，不可斜栽。树丛内植株间的株距不应一致，要有远有近，有聚有散。栽得最密时，可以土球挨着土球栽，不留间距。栽得稀疏的植株，可以和其他植株相距5m以上。

（三）风景林栽植

风景林一般用树形高大雄伟的或树形比较独特的树种群植而成。如松树、柏树、银杏、樟树、广玉兰等，就是常用的高大雄伟树种；柳树、水杉、蒲葵、椰子树、芭蕉等，就是树形比较奇特的风景林树种。风景林栽植施工中主要应注意下述三方面的问题。

1. 林地整理

在绿化施工开始的时候，首先要清理林地，地上地下的废弃物、杂物、障碍物等都要清除出去。通过整地，将杂草翻到地下，把地下害虫的虫卵、幼虫和病菌翻上地面，经过低温和日照将其杀死，减少病虫对林木危害，提高林地树木的成活率。土质贫瘠密实的，要结合着翻耕松土，在土壤中掺和进有机肥料。林地要略为整平，并且要整理为1%以上的排水坡度。当林地面积很大时，最好在林下开辟几条排水浅沟，与林缘的排水沟联系起来，构成林地的排水系统。

2. 林缘放线

林地准备好之后，应根据设计图将风景林的边缘范围线放大到林地地面上。放线方法可采用坐标方格网法。林缘线的放线一般所要求的精确度不是很高，有一些误差还可以在栽植施工中进行调整。林地范围内树木种植点的确定有规则式和自然式两种方式。规则式种植点可以按设计株行距以直线定点，自然式种植点的确定则允许现场施工中灵活定点。

3. 林木配植

风景林内，树木可以按规则的株行距栽植，这样成林后林相比较整齐；但在林缘部分，还是不宜栽得很整齐，不宜栽成直线形；要使林缘线栽成自然曲折的形状。树木在林内也可以不按规则的株行距栽，而是在2~7m的株行距范围内有疏有密地栽成自然式；这样成林后，树木的植株大小和生长表现就比较不一致，但却有了自然丛林般的景观。栽于树林内部的树，可选树干通直的苗木，枝叶稀少一点也可以；处于林缘的树木，则树干可不必很通直，但是枝叶还是应当茂密一些。风景林内还可以留几块小的空地不栽树木，铺种上草皮，作为林中空地通风透光。林下还可选耐阴的灌木或草本植物覆盖地面，增加林内景观内容。

（四）水景树栽植

用来陪衬水景的风景树，由于是栽在水边，就应当选择耐湿地的树种。如果所选树种并不能耐湿，但又一定要用它，就要在栽植中做一些处理。对这类树种，其种植穴的底部高度一定要在水位线之上。种植穴要比一般情况下挖得深一些，穴底可垫一层厚度5cm以上的透水材料，如炭渣、粗砂粒等；透水层之上再填一层壤土，厚度可在8~20cm；其上再按一般栽植方法栽种树木。树木可以栽得高一些，使其根茎部位高出地面。高出地面的部位进行壅土，把根茎旁的土壤堆起来，使种植点整个都抬高。水景树的这种栽植方法对根系较浅的树种效果较好，但对深根性树种来说，就只在两三年内有些效果，时间一长，效果就不明显了。

（五）旱地树栽植

旱地生长的植物大多不能忍耐土壤潮湿，因此，栽种旱生植物的基质就一定要透水性比较强。如栽种苏铁，就不能用透水性差的黏土，而要用含沙量较高的沙土；栽种仙人掌类灌木一般也要用透水性好的沙土。一些耐旱而不耐潮湿的树木，如马尾松、黑松、柏木、刺槐、榆树、梅花、杏树、紫薇、紫荆等，可以用较贫瘠的黏性土栽种，但一般要将种植点抬高，或要求地面排水系统特别完整，保证不受水淹。

第二节　大树移植施工

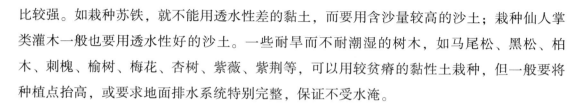

有些新建的园林绿地或城市重点街道，在刚建成时就马上要有较好的绿化效果，如果像一般绿化那样采用小树栽种，就不能达到预期的要求。这时就应当采取大树移植的方法来解决问题。由于城市及园林建设的需要，有时也会遇到要将原有的大树古树移植到新地方的情况。所以，大树移植也是园林绿化施工中的一项重要工程。

要想成功完成大树古树移植施工，就要正确分析影响大树古树栽植成活的因素，做好栽植前准备工作，根据大树古树移植栽植方法，学会并指导大树古树移植栽植施工。其工作步骤为：栽植前准备，土台挖掘，木箱包装，起吊，运输，吊卸栽植，养护管理。

一、大树的选择

这里所讲的大树是指根干径在 10cm 以上、高度在 4m 以上的大乔木，但对具体的树种来说，也可有不同的规格。

（一）影响大树移植成活的因素

大树移植较常规苗木成活困难，原因主要有以下几个方面：

（1）大树年龄大，阶段发育老，细胞的再生能力弱，挖掘和栽植过程中损伤的根系恢复慢，新根生发能力差。

（2）由于幼壮龄树的离心生长的原因，树木的根系扩展范围很大（一般超过树冠水平投影范围），而且扎入土层很深，使有效的吸收根处于深层和树冠投影附近，造成挖掘大树时土球所带吸收根很少，且根多木栓化严重，凯氏带阻止了水分的吸收，根系的吸收功能明显下降。

（3）大树形体高大，枝叶的蒸腾面积大，为使其尽早发挥绿化效果和保持原有优美姿态而很少进行过重截枝。加之根系距树冠距离长，给水分的输送带来一定的困难，因此大树移植后很难尽快建立地上、地下的水分平衡。

（4）树木大，土球重，起挖、搬运、栽植过程中易造成树皮受损、土球破裂、树枝折断，从而危及大树成活。

（二）大树的选择

选择须移植的大树时，一般要注意以下几点：

（1）选择大树时，应考虑到树木原生长条件应和定植地的立地条件相适应，例如土壤性质、温度、光照等条件，树种不同，其生物学特性也有所不同，移植后的环境条件就应尽量地和该树种的生物学特性和环境条件相符。

（2）应该选择符合景观要求的树种，树种不同，形态各异，因而它们在绿化上的用途也不同。如行道树，应考虑干直、冠大、分枝点高、有良好的庇荫效果的树种，而庭院观赏树中的孤立树就应讲究树姿造型。

（3）应选择壮龄的树木，因为移植大树需要很多人力、物力。若树龄太大，移植后不久就会衰老，很不经济；而树龄太小，绿化效果又较差，所以既要考虑能马上起到良好的绿化效果，又要考虑移植后有较长时期的保留价值，故一般慢生树选 20~30 年生，速生树种则选用 10~20 年生，中生树可选 15 年生，果树、花灌木为 5~7 年生，一般乔木树高在 4m 以上，胸径 12~25cm 的树木则最合适。

（4）应选择生长正常的树木以及没有感染病虫害和未受机械损伤的树木。

（5）原环境条件要适宜挖掘、吊装和运输操作。

（6）如在森林内选择树木时，必须选疏密度不大的最近 5~10 年生长在阳光下的树，易成活，且树形美观，景观效果佳。

选定的大树，用油漆或绳子在树干胸径处做出明显的标记，以利于识别选定的单株和朝向；同时应建立登记卡，记录树种、高度、干径、分枝点高度、树冠形状和主要观赏面，以便进行分类和确定栽植顺序。

二、大树移植的时间

（一）春季移植

早春是移植大树的最佳时间。因为这时树体开始发芽、生长，挖掘时损伤的根系容易愈合和再生，移植后，经过从早春到晚秋的正常生长以后，树木移植时受伤的部分已复原，给树木顺利越冬创造了有利条件。在春季树木开始发芽而树叶还没有全部长成以前，树木的蒸腾还未达到最旺盛时期，这时进行带土球的移植，缩短土球暴露时间，栽植后进行精心的养护管理也能确保大树的存活。

（二）夏季移植

盛夏季节，由于树木的蒸腾量大，此时移植对大树的成活不利，在必要时可加大土球，加强修剪、遮阴，尽量减少树木的蒸腾量，也可以成活。由于所需技术复杂，费用较高，故尽可能避免。最好在北方的雨季，由于空气中的湿度较大，因而有利于移植，可带土球移植一些针叶树种。

（三）秋冬季移植

深秋及冬季，从树木开始落叶到气温不低于−15℃这一段时间，树木虽处于休眠状态，但是地下部分尚未完全停止活动，移植时被切断的根系能在这段时间进行愈合，给来年春季发芽生长创造良好的条件。但是在严寒的北方，必须对移植的树木进行土面保护，以防冻伤根部。

三、大树移植前的准备工作

（一）切根的处理

通过切根处理，促进侧须根生长，使树木在移植前即形成大量可带走的吸收根。这是提高移植成活率的关键技术，也可以为施工提供方便条件。常用下列方法：

1. 多次移植

此法适用于专门培养大树的苗圃中，速生树种的苗木可以在头几年每隔 1~2 年移植一次。待胸径达 6cm 以上时，可每隔 3~4 年再移植一次。而慢生树待其胸径达 3cm 以上时，每隔 3~4 年移一次，长到 6cm 以上时，则隔 5~8 年移植一次，这样树苗经过多次移植，大部分的须根都聚生在一定的范围，因而再移植时可缩小土球的尺寸和减少对根部的损伤。

2. 预先断根法

适用于一些野生大树或一些具有较高观赏价值的树木的移植。一般是在移植前 1~3 年的春季或秋季，以树干为中心，2.5~3 倍胸径为半径或以较小于移植时土球尺寸为半径划一个圆或方形，再在相对的两面向外挖 30~40cm 宽的沟（其深度则视根系分布而定，一般为 50~80cm），对较粗的根应用锋利的锯或剪，齐平内壁切断，然后用沃土（最好是沙壤土或壤土）填平，分层踩实，定期浇水，这样便会在沟中长出许多须根。到第二年的春季或秋季再以同样的方法挖掘另外相对的两面。到第三年时，在四周沟中均长满了须根，这时便可移走。挖掘时应从沟的外缘开挖，断根的时间可按各地气候条件有所不同。

3. 根部环状剥皮法

同上法挖沟，但不切断大根，而采取环状剥皮的方法，剥皮的宽度为 10~15cm，这样也能促进须根的生长，这种方法由于大根未断，树身稳固，可不加支柱。

（二）大树的修剪

为保证树木地下部分与地上部分的水分平衡，减少树冠水分蒸腾，移植前必须对树木进行修剪，修剪的方法各地不一，主要有以下几种：

1. 修剪枝叶

修剪时，凡病枯枝、过密交叉徒长枝、干扰枝均应剪去。此外，修剪量也与移植季节、根系情况有关。当气温高、湿度低、带根系少时应重剪；而湿度大、根系也大时可适当轻剪。此外，还应考虑到功能要求，如果要求移植后马上起到绿化效果的应轻剪，而有把握成活的则可重剪。

2. 摘叶

这是细致费工的工作，适用于少量名贵树种，移前为减少蒸腾可摘去部分树叶，移后即可再萌出新叶。

3. 摘心

此法是为了促进侧枝生长，一般顶芽生长的如杨树、白蜡、银杏、柠檬樱等可用此法以促进其侧枝生长，但是如木棉、针叶树种都不宜摘心处理。

4. 其他方法

如采用剥芽、摘花摘果、刻伤和环状剥皮等也可以控制水分的过分损耗，抑制部分枝条的生理活动。

（三）编号定向

编号是当移栽成批的大树时，为使施工有计划地顺利进行，可把栽植坑及要移栽的大树均编上一一对应的号码，使其移植时可对号入座，减少现场混乱及事故。

定向是在树干上标出南北方向，使其在移植时仍能保持它按原方位栽下，以满足它对庇荫及阳光的要求。

（四）清理现场及安排运输路线

在起树前，应清除树干周围 2~3m 以内的碎石、瓦砾堆、灌木丛及其他障碍物，并将地面大致整平，为顺利移植大树创造条件。然后按树木移植的先后次序，合理安排运输路线，以使每棵树都能顺利运出。

（五）支柱、捆扎

为了防止在挖掘时由于树身不稳、倒伏引起工伤事故及损坏树木，在挖掘前应对须移植的大树进行支柱，一般是用 3 根直径 15cm 以上的大戗木，分立在树冠分支点的下方，然后再用粗绳将 3 根戗木和树干一起捆紧，戗木底脚应牢固支持在地面，与地面呈 60°左右。支柱时应使 3 根戗木受力均匀，特别是避风向的一面。戗木的长度不定，底脚应立在挖掘范围以外，以免妨碍挖掘工作。

（六）工具材料的准备

根据不同的包装方法，准备所需的材料。通常有铁锹、小平铲、平铲、小尖镐、钢丝绳机等。

三、大树移植的方法

（一）软材包装移植法

1. 土球大小的确定

土球的大小依据树木的胸径来决定。一般来说，土球直径为树木胸径的 7~10 倍，土球过大，容易散球且会增加运输困难；土球过小，又会伤害过多的根系而影响成活。

2. 土球的挖掘

挖掘前，先用草绳将树冠围拢，其松紧程度以不折断树枝又不影响操作为宜，然后铲除树干周围的浮土，以树干为中心，比规定的土球大 3~5cm 画一圆，并顺着此圆圈往外挖沟，沟宽 60~80cm，深度以到土球所要求的高度为止。

3. 土球的修整

修整土球要用锋利的铁锹，遇到较粗的树根时，应用锯或剪将根切断，不要用铁锹硬扎，以防土球松散。当土球修整到 1/2 深度时，可逐步向里收底，直到缩小到土球直径的 1/3 为止，然后将土球表面修整平滑，下部修一小平底，土球就算挖好了。

4. 土球的包装

土球修好后，应立即用草绳、蒲包或蒲包片等进行包装。包装的方法主要有橘子包、井字包和五角包。

（二）木箱包装移植法

这种方法一般用来移植胸径达 15～25cm 的大树，少量的用于胸径 30cm 以上的，其土台规格可达 2.2m×2.2m×0.8m，土方量为 3.2m³。

1. 移植前的准备

移植前首先要准备好包装用的板材，如箱板、底板和上板。还应准备好所需的全部工具、材料、机械和运输车辆，并由专人管理。

2. 包装

包装移植前应将树干四周地表的浮土铲除，然后根据树木的大小决定挖掘土台的规格，一般可按树木胸径的 7～10 倍作为土台的规格。然后，以树干为中心，以比规定的土台尺寸大 10cm，画一正方形作土台的雏形，从土台往外开沟挖渠，沟宽 60～80cm，以便于人下沟操作。挖到土台深度后，将四壁修理平整，使土台每边较箱板长 5cm。修整时，注意使土台侧壁中间略突出，以便上完箱板后，箱板能紧贴土台。

3. 立边板

土台修好后，应立即上箱板，以免土台坍塌。先将箱板沿土台的四壁放好，使每块箱板中心对准树干，箱板上边略低于土台 1～2cm，作为吊运时土台下沉的余量。在安放箱板时，两块箱板的端部在土台的角上要相互错开，可露出土台一部分，再用蒲包片将土台包好，两头压在箱板下。然后在木箱的边板距上、下口 15～20cm 处套好两道钢丝绳。每根钢丝绳的两头装好紧线器，两个紧线器要装在两个相反方向的箱板中央带上，以便收紧时受力均匀。

紧线器在收紧时，必须两边同时进行，收紧速度下绳应稍快于上绳。收紧到一定程度时，可用木棍捶打钢丝绳，如发出嘣嘣的弦音表示已收紧，即可停止。箱板被收紧后即可在四角上钉上铁皮 8～10 道，每条铁皮上至少要有两对铁钉钉在带板上。钉子稍向外侧倾斜，以增加拉力。四角铁皮钉好后，用 3 根木杆将树支稳后，即可进行掏底。

4. 掏底与上底板

掏底时，首先在沟内沿着箱板下挖 30cm，将沟土清理干净，用特制的小板镐和小平铲在相对的两边同时掏挖土台的下部。当掏挖的宽度与底板的宽度相符时，在两边装上底板。在上底板前，应预先在底板两端各钉两条铁皮，然后先将底板一头顶在箱板上，垫好木墩。另一头用油压千斤顶顶起，使底板与土台底部紧贴。钉好铁皮，撤下千斤顶，支好支墩。两边底板钉好后即可继续向内掏底。要注意每次掏挖的宽度应与底板的宽度一致，不可多掏。在上底板前如发现底土有脱落或松动，要用蒲包等物填塞好后再装底板，底板之间的距离一般为 10~15cm，如土质疏松，可适当加密。

5. 上盖板

于木箱上口钉木板拉结，称为"上盖板"。钉装上板前，将土台上表面修成中间稍高于四周，并于土台表面铺一层蒲包片。上板一般 2~4 块，某方向应与底板成垂直交叉，如需多次吊运，上板应钉成井字形。

（三）机械移植法

近年来在国内正发展一种新型的植树机械，名为树木移植机，主要用来移植带土球的树木，可以连续完成挖栽植坑、起树、运输、栽植等全部移植作业。

树木移植机分自行式和牵引式两类，目前各国大量发展的都为自行式树木移植机，它由车辆底盘和工作装置两大部分组成。车辆底盘一般都是选择现成的汽车、拖拉机或装载机等，稍加改装而成，然后再在上面安装工作装置，包括铲树机构、升降机构、倾斜机构和液压支腿四部分。

目前我国主要发展三种类型移植机：能挖土球直径 160cm 的大型机，一般用于城市园林部分移植径级 16~20cm 以下的大树；挖土球直径 100cm 的中型机，主要用于移植径级 10~12cm 以下的树木，可用于城市园林部门、果园、苗圃等处；能挖直径 60cm 土球的小型机，主要用于苗圃、果园、林场等移植径级 6cm 左右的大苗。

（四）冻土移植法

在我国北方寒冷地区较多采用，适宜移植耐寒的树种。在土壤冻结期或者在土壤冻得不深时挖掘土球，并可泼水促冻，不必包装，利用冻结河道或泼水冻结的平土地，只用人工即可拉运的一种方法，具有节约经费、土球坚固、根系完好、便于成活、易于运输等优点。

四、大树的吊运

（一）起吊

大树的吊运工作也是大树移植中的重要环节之一。吊运的成功与否，直接影响到树木的成活、施工的质量以及树形的美观等。目前，大树的吊运主要通过起重机吊运和滑车吊运，在起吊的过程中，要注意不能破坏树形、碰坏树皮，更不能撞破土球。

吊运软材料包装的或带冻土球的树木时，为了防止钢丝绳勒坏土球，最好用粗麻绳。

先将双股绳的一头留出 1m 多长结扣固定，再将双股绳分开，捆在土球由上向下 3/5 的位置上绑紧，然后将大绳的两头扣在吊钩上，在绳与土球接触处用木块垫起，轻轻起吊后，再用脖绳套在树干下部，也扣在吊钩上即可起吊。之后，再开动起重机就可将树木吊起装车。

木箱包装吊运时，用两根钢索将木箱两头围起，钢索放在距木板顶端 20~30cm 的地方（约为木板长度的 1/5），把 4 个绳头结在一起，挂在起重机的吊钩上，并在吊钩和树干之间系一根绳索，使树木不致被拉倒，还要在树干上系 1~2 根绳索，以便在起运时用人力来控制树木的位置，避免损伤树冠，有利于起重机工作。在树干上束绳索处，必须垫上柔软材料，以免损伤树皮。

（二）运输

树木装上汽车时，使树冠向着汽车尾部，土块靠近司机室，树干包上柔软材料放在木架或竹架上，用软绳扎紧，土块下垫一块木衬垫，然后用木板将上球夹住或用绳子将土球缚紧于车厢两侧。

五、大树的定植

（一）准备工作

在定植前应首先进行场地的清理和平整，然后按设计图纸的要求进行定点放线。在挖移植坑时，要注意坑的大小应根据树种及根系情况、土质情况等而有所区别，一般应在四周加大 30~40cm，深度应比木箱加 20cm，土坑要求上下一致，坑壁直而光滑，坑底要平整，中间堆一 20cm 宽的土埝。由于城市广场及道路的土质一般均为建筑垃圾、砖瓦、石砾，对树木的生长极为不利，因此必须进行换土和适当施肥，以保证大树的成活和有良好的生长条件，换土是用 1∶1 的泥土和黄沙混合均匀施入坑内。

$$用土量 = （树坑容积 - 土球体积）× 1.3（多 30\% 的土是备夯实土之需）\qquad（4-1）$$

（二）卸车

树木运到工地后要及时用起重机卸放，一般都卸放在定植坑旁，若暂时不能栽下的则应放置在不妨碍其他工作进行的地方。

卸车时用大钢丝绳从土球下两块垫木中间穿过，两边长度相等，将绳头挂于吊车钩上，为使树干保持平衡可在树干分枝点下方拴一大麻绳，拴绳处可衬垫草帘，以防擦伤。大麻绳另一端挂在吊车钩上，这样就可把树平衡吊起，土球离开车后，速将汽车开走，然后移动吊杆把土球降至事先选好的位置。须放在栽植坑时，应由人掌握好定植方向，应考虑树姿和附近环境的配合，并应尽量符合原来的朝向。当树木栽植方向确定后，立即在坑内垫一土台或土坡，若树干不与地面垂直，则可按要求把土台修成一定坡度，使栽后树干垂直于地面以下再吊大树。当落地前，迅速拆去中间底板或包装蒲包，放于土台上，并调整位置。在土球下填土压实，并起边板，填土压实，如坑深在 40cm 以上，应在夯实至1/2时，浇足水，等水全部渗入土中再继续填土。

由于移植时大树根系会受到不同程度损伤，为促其增生新根，恢复生长，可适当使用生长素。

定植大树以后必须加强养护管理工作，应采取下列措施：

（1）定期检查。主要是了解树木的生长发育情况，并对检查出的问题如病虫害、生长不良等要及时采取补救措施。

（2）浇水。

（3）为降低树木的蒸发量，在夏季太热的时候，可在树冠周围搭荫棚或挂草帘。

（4）摘除花序。

（5）施肥。移植后的大树为防止早衰和枯黄，以致遭受病虫害侵袭，因而须 2~3 年施肥一次，在秋季或春季进行。

（6）根系保护。对于北方的树木，特别是带冻土块移植的树木移植后，定植坑内要进行土面保温，即先在坑面铺 20cm 厚的泥炭土，再在上面铺 50cm 厚的雪或 15cm 的腐殖土或 20~25cm 厚的树叶。早春，当土壤开始化冻时，必须把保温材料拨开，否则被掩盖的土层不易解冻，影响树木根系生长。

六、垂直绿化施工

利用棚架、墙面、屋顶和阳台进行绿化，就是垂直绿化。垂直绿化的植物材料多数是藤本植物和攀缘类灌木。

（一）棚架植物栽植

在植物材料选择、具体栽种等方面，棚架植物的栽植应按下述方法处理。

1. 植物材料处理

用于棚架栽种的植物材料，若是藤本植物，如紫藤、常绿油麻藤等，最好选一根独藤长 5m 以上的；如果是如木香、蔷薇之类的攀缘类灌木，因其多为丛生状，要下决心剪掉多数的丛生枝条，只留 1~2 根最长的茎干，以集中养分供应，使今后能够较快地生长，较快地使叶盖满棚架。

2. 种植槽、穴准备

在花架边栽植藤本植物或攀缘灌木。种植穴应当确定在花架柱子的外侧。穴深40~60cm，直径40~80cm，穴底应垫一层基肥并覆盖一层壤土，然后才栽种植物。不挖种植穴，而在花架边沿用砖砌槽填土，作为植物的种植槽，也是花架植物栽植的一种常见方式。种植槽净宽度在35~100cm，深度不限，但槽顶与槽外地坪之间的高度应控制在30~70cm为好。种植槽内所填的土壤，一定要是肥沃的栽培土。

3. 栽植

花架植物的具体栽种方法与一般树木基本相同。但是，在根部栽种施工完成之后，还要用竹竿搭在花架柱子旁，把植物的藤蔓牵引到花架顶上。若花架顶上的檩条比较稀疏，还应在檩条之间均匀地放一些竹竿，增加承托面积，以方便植物枝条生长和铺展开来。特别是对缠绕性的藤本植物如紫藤、金银花、常绿油麻藤等更须如此，不然以后新生的藤条相互缠绕一起，难以展开。

4. 养护管理

在藤蔓枝条生长过程中，要随时抹去花架顶面以下主藤茎上的新芽，剪掉其上萌生的新枝，促使藤条长得更长，藤端分枝更多。对花架顶上藤权分布不均匀的，要做人工牵引，使其排布均匀。以后，每年还要进行一定的修剪，剪掉病虫枝、衰老枝和枯枝。

（二）墙垣绿化施工

这类绿化施工有两种情况，一种是利用建筑物的外墙或庭院围墙进行墙面绿化，另一种是在庭园围墙、隔墙上做墙头覆盖性绿化。

1. 墙面绿化

常用攀附能力较强的爬墙虎、岩爬藤、凌霄、常春藤等作为绿化材料。表面粗糙度大的墙面有利于植物爬附，垂直绿化容易成功。墙面太光滑时，植物不能爬附墙面，就只有在墙面上均匀地钉上水泥钉或膨胀螺钉，用铁丝贴着墙顺拉成网，供植物攀附。爬墙植物都栽种在墙脚下，墙脚下应留有种植带或建有种植槽。种植带的宽度一般为50~150cm，土层厚度在50cm以上。种植槽宽50~80cm、高40~70cm，槽底每隔2~2.5m应留出一个排水孔。种植土应该选用疏松肥沃的壤土。栽种时，苗木根部应距墙根15cm左右，株距采用50~70cm，而以50cm的效果更好些。栽植深度，以苗木的根团全埋入土中为准；苗木栽下后要将根团周围的土壤压实。为了确保成活，在施工后一段时间中要设置篱笆、围栏等，保护墙脚刚栽上的植物。以后当植物长到能够抗受损害时，才拆除围护设施。

2．墙头绿化

主要用蔷薇、木香、三角花等攀缘灌木和金银花、常绿油麻藤等藤本植物，搭在墙头上绿化实体围墙或空花隔墙。要根据不同树种藤、枝的伸展长度，来决定栽种的株距，一般的株距可为 1.5～3.0cm。墙头绿化植物的种植穴挖掘、苗木栽种等，与一般树木栽植基本相同。

（三）屋顶绿化施工

在屋顶上面进行绿化，要严格按照设计的植物种类、规格和对栽培基质的要求而施工。在屋顶的周边，可以修建稍高的种植槽或花台，填入厚达 40～70cm 的栽培基质，栽种稍高大些的灌木。而在屋顶中部，则要尽量布置低矮的花坛或草坪；花坛与草坪内的栽培基质厚度应在 25cm 以下。花坛、草坪、种植槽的最下面是屋面。紧贴屋面应垫一层厚度为 3～7cm 的排水层。排水层用透水的粗颗粒材料如炭渣、豆石等平铺而成，其上面还要铺一屋塑料窗纱纱网或玻璃纤维布，作为滤水层。滤水层以上，就可填入泥土、锯木粉、蛭石、泥炭土等作为栽培基质。

（四）阳台绿化

阳台由于面积比较小，常常还要担负其他功能，所以其绿化一般只能采取比较灵活的盆栽绿化方式。盆栽主要布置在阳台栏板的顶上，一定要有围护措施，防止盆栽下坠伤人。

第三节　花坛栽植施工

花坛是一种古老的花卉应用形式，源于古罗马时代的文人园林。花坛的最初含义是在具有几何形轮廓的种植床内，种植各种不同色彩的花卉，运用花卉的群体效果来体现图案纹样，或观赏平面时绚丽景观的一种花卉应用形式。它以突出鲜艳的色彩或精美华丽的纹样来体现其装饰效果。色彩应与所在环境有所区别，既起到醒目和装饰作用，又与环境协调，融于环境之中，形成整体美。

要想成功完成花坛栽植施工，就要正确分析影响花卉栽植成活的因素，做好栽植前准备工作，根据花卉栽植方法，学会并指导花坛栽植施工。其施工步骤为：种植床整理、图案放样、起苗、栽植、养护管理。

一、花坛的概念

花坛是按照设计意图，在有一定几何形轮廓的植床内，以园林草花为主要材料布置而成的具有艳丽色彩或图案纹样的植物景观。花坛主要表现花卉群体的色彩美，以及有花卉群体所构成的图案美。花卉都有一定的花期，要保证花坛（特别是设置在重点园林绿化地区的花坛）有最佳景观效果，就必须根据季节和花期经常进行更换。

二、花坛的类型

（一）按照花材观赏特性分类

1. 盛花花坛

盛花花坛主要由观花草本花卉组成，表现花盛开时群体的色彩美。这种花坛在布置时不要求花卉种类繁多，而要求图案简洁明了，对比度强。盛花花坛着重观赏开花时草花群体所展现出的华丽鲜艳的色彩，因此必须选用花期一致、花期较长、高矮一致、开花整齐、色彩艳丽的花卉，如三色堇、金鱼草、金盏菊、万寿菊、百日草、福禄考、石竹、一串红、矮牵牛、鸡冠花等。一些色彩鲜艳的一二年生观叶花卉也常选用，如羽衣甘蓝、地肤、彩叶草等。也可以用一些宿根花卉或球根花卉，如鸢尾、菊花、郁金香等，但栽植时一定要加大密度。同时花坛内的几种花卉之间的界线必须明显，相邻的花卉色彩对比一定要强烈，高矮不能相差悬殊。盛花花坛观赏价值高，但观赏期短，必须经常更换花材以延长观赏期。

2. 模纹花坛

模纹花坛主要由低矮的观叶植物和观花植物组成，表现植物群体组成的复杂的图案美。由于要清晰准确地表现纹样，模纹花坛中应用的花卉要求植株低矮、株丛紧密、生长缓慢、耐修剪。这种花坛要经常修剪以保持其原有的纹样，其观赏期长，采用木本的可长期观赏。模纹花坛可分为毛毡花坛、浮雕花坛和时钟花坛。

（1）毛毡花坛由各种植物组成一定的装饰图案，表面被修剪得十分平整，整个花坛好像是一块华丽的地毯。

（2）浮雕花坛表面是根据图案要求，将植物修剪成凸出和凹陷的式样，整体具有浮雕的效果。

（3）时钟花坛图案是时钟纹样，上面装有可转动的时钟。

（二）按照花坛空间布局分类

1．平面花坛

花坛表面与地面平行，主要观赏花坛的平面效果，包括沉床花坛和稍高出地面的花坛。

2．斜面花坛

设置在斜坡或阶地上，也可搭建成架子摆放各种花卉，以斜面为主要观赏面。

3．立体花坛

用花卉栽植在各种立体造型物上而形成竖向造型景观，可以四面观赏。一般作为大型花坛的构图中心，或造景花坛的主要景观。

（三）按照设计布局和组合方式分类

1．独立花坛

为单个花坛或多个花坛紧密结合而成。大多作为局部构图的中心，一般布置在轴线的焦点、道路交叉口或大型建筑前的广场上。

2．组合花坛

由相同或不同形式的多个单体花坛组合而成，但在构图及景观上具有统一性。花坛群应具有统一的底色，以突出其整体感。花坛群还可以结合喷泉和雕塑布置，后者可作为花坛群的构图中心，也可作为装饰。

3．带状花坛

长为宽的三倍以上，在道路、广场、草坪的中央或两侧，划分成若干段落，有节奏地简单重复布置。

三、花坛栽植技术

（一）土壤条件

土层厚薄、肥沃度、质地等会影响花卉根系的生长与分布。优良的土质应土层深厚，富含各种营养成分，砂粒、粉粒和黏粒的比例适当，有一定的空隙以利通气和排水，持水与保肥能力强，还具花卉生长适宜的 pH 值，不含杂草、有害生物以及其他有毒物质。

理想的土壤是很少的，土质差的可通过客土、使用有机肥等措施，起到培育土壤良好结构性的作用。可加入的有机肥包括堆肥、厩肥、锯末、腐叶、泥炭等。

（二）栽植穴

栽植穴、坑应稍大于土球和根系，保证苗根舒展。

（三）栽植距离与深度

花苗的栽植间距，应以植株的高低、分蘖的多少、冠丛的大小而定，以栽后地面不裸露为原则，保证成长后具有良好的景观效果。栽植小苗时，应留出适当的生长空间。模纹式栽植的植株密度可适当加大。

花苗的栽植深度应充分考虑植物的生物学特性，一般以所埋之土与根茎处相齐为宜。球根花卉的覆土厚度应为球根高度的 1.2 倍。

（四）栽植顺序

栽植时，高的苗栽中间、矮的苗栽边缘，使花坛突出景观效果。栽入后，用手压实土壤，同时将余土耙平。

图案简单的单个独立花坛，应由中心向外的顺序退栽；坡式的花坛应由上向下栽植；图案复杂的花坛应先栽好图案的各条轮廓线，再栽内部填充部分。大型花坛宜分区、块栽植；植物高低不同的花卉混栽时，应先栽高的，后栽矮的；宿根、球根花卉与一二年生草花混栽时，应先栽宿根、球根花卉，后栽一二年生草花。

四、绿带施工技术

一般所谓的绿带，主要指林带、道路绿化带以及树墙、绿篱等隔离性的带状绿化形式。绿带在城市园林绿化中所起的作用，主要是装饰、隔离、防护、掩蔽园林局部环境。

（一）林带施工

1. 整地

通过整地，可以把荒地、废弃地等非宜林地改变成为宜林地。整地时间一般应在营造林带之前 3~6 个月，以"夏翻土，秋耙地，春造林"的效果较好。现翻、现耙、现造林对林木栽植成活效果不很好。整地方式有人工和机械两种。人工整地是用锄头挨着挖土翻地，翻土深度为 20~35cm；翻土后经过较长时间的曝晒，再用锄头将土坷垃打碎，把土整细。机械翻土，则是由拖拉机牵引三铧犁或五铧犁翻地，翻土深度 25~30cm。耙地是用拖拉机牵引铁耙进行。对沙质土壤，用双列圆盘耙；对黏重土质的林地则用缺口重耙。在比较窄的林带地面，用直线运行法耙地；在比较宽的地方，则可用对角线运行法耙地。耙地后，要清除杂物和土面的草根，以备造林。

2．放线定点

首先根据规划设计图所示林带位置，将林带最里边一行树木的中心线在地面放出，并在这条线上按设计株距确定各种植点，用白灰做点标记。然后依据这条线，按设计的行距向外侧分别放出各行树木的中心线，最后再分别确定各行树木的种植点。林带内，种植中的排列方式有矩形和三角形两种，排列方式的选用应与主导风向相适应。

林带树木的株行距一般小于园林风景的株行距，根据树冠的宽窄和对林带透风率的要求，可采用 1.5m×2m、2m×2m、2m×2.5m、2.5m×2.5m、2.5m×3m、3m×3m、3m×4m、4m×4m、4m×5m 等株行距。林带的透风率，就是风通过林带时能够透过多少风量的比率，可用百分比来表示。一般起防风作用的林带，透风率应为 25%～30%；防沙林带，透风率 20%；园林边沿林带，透风率可为 30%～40%。透风率的大小，可采取改变株行距、改变种植点排列方式和选用不同枝叶密实度的树种等方法来调整。

3．栽植

园林绿地上的林带一般要用 3～5 年生以上的大苗造林，只有在人迹较少，且又容许造林周期拖长的地方造林，才可用 1～2 年生小苗或营养杯幼苗。栽植时，按白灰点标记的种植点挖穴、栽苗、填土、插实、做围堰、灌水。施工完成后，最好在林带的一侧设立临时性的护栏，阻止行人横穿林带，保护新栽的树苗。

（二）道路绿带施工

城市道路绿带是由人行道绿化带和分车绿带组成的。在绿带的顶空和地下，常常都敷设有许多管线。因此，街道绿带施工中最重要的工作就是要解决好树木与各种管线之间的矛盾关系。

1．人行道绿带施工

人行道绿带的主要部分是行道树绿化带，另外还可能有绿篱、草花、草坪种植带等。行道树可采用种植带式或树池式两种栽种方式。种植带的宽度不小于 1.2m，长度不限。树池形状一般为正方形或长方形，少有圆形。树池的最短边长度不得小于 1.2m；其平面尺寸多为 1.2m×1.5m、1.5m×1.5m、1.5m×2m、1.8m×2m，等等。行道树种植点与车行道边缘道牙石之间的距离不得小于 0.5m。行道树的主干高度不小于 3m。栽植行道树时，要注意解决好与地上地下管线的冲突，保证树木与各种管线之间有足够的安全间距。为了保护绿带不受破坏，在人行道边沿应当设立金属的或钢筋混凝土的隔离性护栏，阻止行人踏进种植带。

2. 分车绿带施工

由于分车绿带位于车行道之间，绿化施工时特别要注意安全，在施工路段的两端要设立醒目的施工标志。植物种植应当按照道路绿化设计图进行，植物的种类、株距、搭配方式等，都要严格按设计施工。分车绿带一般宽1.5~5m，但最窄也有0.7m。1.5m宽度以下的分车带，只能铺种草皮或栽成绿篱；1.5m以上宽度的，可酌情栽种灌木或乔木。分车带上种草皮时，草种必须是阳性耐干旱的，草皮土层厚度在25cm以上即可，土面要整细以后才播种草籽。分车带上种绿篱的，可按下面关于绿篱施工内容中的方法栽植。分车带上配植绿篱加乔木、灌木的，则要完全按照设计图进行栽种。分车带上栽植乔灌木，与一般树木的栽植方法一样，可参照进行。

（三）绿篱施工

绿篱既可用在街道上，也可用在园林绿地的其他许多环境中，绿篱的苗木材料要选大小和高矮规格都统一的、生长垫健旺的、枝叶比较浓密而又耐修剪的植株。施工开始的时候，先要按照设计图规定的位置在地面放出种植沟的挖掘线。若绿篱是位于路边或广场边，则先放出最靠近路面边线的一条挖掘线，这条挖掘线应与路边线相距15~20cm；然后，再依据绿篱的设计宽度，放出另一条挖掘线。两条挖掘线均要用白灰在地面画出来。放线后，挖出绿篱的种植沟，沟深一般20~40cm，视苗木的大小而定。

栽植绿篱时，栽植位点有矩形和三角形两种排列方式，株行距视苗木树冠宽窄而定；一般株距为20~40cm，最小可为15cm，最大可达60cm（如珊瑚树绿篱）。行距可和株距相等，也可略小于株距。一般的绿篱多采取双行三角形栽种方式，但最窄的绿篱则要采取单行栽种方式，最宽的绿篱也有栽成5~6行的。苗木一棵棵栽好后，要在根部均匀地覆盖细土，并用锄把插实；之后，还应全面检查一遍，发现有歪斜的就要扶正。绿篱的种植沟两侧，要用余下的土做成直线形围堰，以便于拦水。土堰做好后，浇灌定根水，要一次浇透。

定型修剪是规整式绿篱栽好后马上要进行的一道工序。修剪前，要在绿篱一侧按一定间距立起标志修剪高度的一排竹竿，竹竿与竹竿之间还可以连上长线，作为绿篱修剪的高度线。绿篱顶面具有一定造型变化的，要根据形状特点，设置两种以上的高度线。在修剪方式上，可采用人工和机械两种方式。人工修剪使用的是绿篱剪，由工人按照设计的绿篱形状进行修剪。机械修剪是使用绿篱修剪机进行修剪，效率当然更高些。

绿篱修剪的纵断面形状有直线形、波浪形、浅齿形、城垛形、组合型等，横断面形状有长方形、梯形、半球形、截角形、斜面形、双层形、多层形等。在横断面修剪中，不得修剪成上宽下窄的形状，如倒梯形、倒三角形、伞形等，都是不正确的横断面形状。如果横断面修剪成上宽下窄形状，将会影响绿篱下部枝叶的采光和萌发新枝新叶，使以后绿篱的下部呈现枯秃无叶状。自然式绿篱不进行定型修剪，只将枯枝、病虫枝、杂乱枝剪掉即可。

第四节　草坪建植施工

草坪是城市绿地中最基本的地面绿化形式。草坪的建设，应按照既定的草坪设计进行。在草坪设计中，一般都已确定了草坪的位置、范围、形状、坡度、供水、排水、草种组成和草坪上的树木种植情况；而草坪施工的工作内容，就是要根据已确定的设计来完成一系列的草坪开辟和种植过程。

要想成功完成草坪建植施工，就要正确分析影响草坪建植成活后的因素，做好栽植前准备工作，根据草坪建植方法，学会并指导草坪栽植施工。其工作步骤为：土地整理、放线定点、布置草坪设施、铺种草坪草和后期管理等工序。

一、草坪的概念与类型

（一）草坪的概念

草坪是人工建植、管理的，能够耐适度修剪和践踏的，具有使用功能和改善生态环境作用的草本植被。

（二）草坪的类型

按照用途，草坪可分为以下几种类型：

1. 游憩型草坪

这类草坪多采用自然式建植，没有固定的形状，大小不一，允许人们入内活动，管理较粗放。选用的草种适应性强，耐践踏，质地柔软，叶汁不易流出以免污染衣服。

2. 观赏型草坪

这类草坪栽培管理要求精细，严格控制杂草生长，有整齐美观的边缘并多采用精美的栏杆加以保护，仅供观赏，不能入内游乐。草种要求平整、低矮、绿色期长，质地优良。

3．运动场草坪

专供开展体育活动用的。管理要求精细，要求草种韧性强，耐践踏，并耐频繁修剪，形成均匀整齐的平面。

4．环境保护草坪

这类草坪的主要目的是发挥其防护和改善环境的功能，要求草种适应性强、根系发达、草层紧密、抗旱、抗寒、抗病虫害能力强，耐粗放管理。

二、园林中常用的草坪草

根据草坪植物对生长适宜温度的不同要求和分布区域，可分为暖季型草坪草和冷季型草坪草。

（一）暖季型草坪草

此类草坪草特点是早春返青后生长旺盛，进入晚秋遇霜茎叶枯落，冬季呈休眠状态，26~32℃为其最适生长温度。常用的有结缕草、野牛草、中华结缕草、狗牙根、地毯草、细叶结缕草、假俭草等，适合于我国黄河流域以南的华中、华南、华东、西南广大地区。

（二）冷季型草坪草

此类草坪草主要特征是耐寒性强，冬季常绿或仅有短期休眠，不耐夏季炎热高湿，春秋两季是最适宜的生长季节。常用的有草地早熟禾、加拿大早熟禾、高羊茅、紫羊茅、匍匐剪股颖、多年生黑麦草等，适合我国北方地区栽培，尤其适应夏季冷凉的地区。

三、草坪建植的方法

常用的有播种法、栽植法、铺植法等。

（一）播种法

一般用于结籽量大而且种子容易采集的草种，如野牛草、羊茅、结缕草、苔草、剪股颖、早熟禾等都可用种子繁殖。优点是施工投资小，从长远看，实生草坪植物的生命力强；缺点是杂草容易侵入，养护管理要求高，形成草坪的时间比其他方法长。

（二）栽植法

用植株繁殖较简单，能大量节省草源，一般 $1m^2$ 的草块可以栽成 $5~10m^2$ 或更多一些。

与播种法相比，此法管理比较方便，因此已成为我国北方地区种植匍匐性强的草种的主要方法。

1．种植时间

全年的生长季均可进行。但种植时间过晚，当年就不能覆满地面。最佳的种植时间是生长季中期。

2．种植方法

分条栽与穴栽。草源丰富时可以用条栽，在整好的地面以 20～40cm 为行距，开 5cm 深的沟，把撕开的草块成排放入沟中，然后填土、踩实。同样，以 20～40cm 为株行距穴栽也是可以的。

为了提高成活率，缩短缓苗期，移栽过程中要注意两点：一是栽植的草要带适量的护根土；二是尽可能缩短掘草到栽草的时间，最好是当天掘草当天栽。栽后要充分灌水，清除杂草。

这种方法的主要优点是形成草坪快，可以在任何时候（北方封冻期除外）进行，且栽后管理容易。缺点是成本高，并要求有丰富的草源。

四、草坪的养护

草坪的养护主要包括灌水、施肥、修剪、除杂草、更新复壮等环节。

（1）灌水。北方春季草坪萌发到雨季前，是一年中最关键的灌水时期。每次灌水的水量应根据土质、生长期、草种等因素而确定，以湿透根系层、不发生地面径流为原则。在封冻前灌封冻水也是必要的。

（2）施肥。草坪建成后在生长季需追氮肥，以保持草坪叶色嫩绿、生长繁密。寒季型草种的追肥时间最好在早春和秋季。

（3）修剪。修剪是草坪养护的重点，能控制草坪高度，促进分蘖，增加叶片密度，抑制杂草生长，使草坪平整美观。

草坪修剪一般应遵循 1/3 原则，即每次修剪时，剪掉的部分不能超过叶片自然高度（未剪前的高度）的 1/3。一般的草坪一年最少修剪 4～5 次。

（4）除杂草。草坪一旦发生杂草侵害，除用人工"挑除"外，还可用化学除草剂，如用 2，4-d 丁酯、西马津、扑草净、敌草隆等。

（5）更新复壮。根据草坪衰弱情况，选择不同的更新方法。出现斑秃的，应挖去枯死株，及时补播或补栽。

五、突破季节限制的绿化施工

一般绿化植物的栽种时间，都在春季和秋季。但有时为了一些特殊目的而要进行突击绿化，就需要突破季节的限制进行绿化施工。而为了施工获得成功，就必须采取一些比较特殊的技术方法，来保证植物栽植成活。

（一）苗木选择

在非适宜季节种树，需要选择合适的苗木才能提高成活率。选择苗木时应从以下几方面入手：

1. 选移植过的树木

最近两年已经移植过的树木，其新生的细根都集中在树兜部位，树木再移植时所受影响较小，在非适宜季节中栽植的成活率较高。

2. 采用假植的苗木

假植几个月以后的苗木，其根兜处开始长出新根，根的活动比较旺盛，在不适宜的季节中栽植也比较容易成活。

3. 选土球最大的苗木

从苗圃挖出的树苗，如果是用于非适宜季节栽种，其土球应比正常情况下大一些；土球越大，根系越完整，栽植越易成功。如果是裸根的苗木，也要求尽可能带有心土，并且所留的根要长，细根要多。

4. 用盆栽苗木下地栽种

在不适宜栽树的季节，用盆栽苗木下地栽种，一般都很容易成活。

5. 尽量使用小苗

小苗比大苗的移栽成活率更高，只要不急于很快获得较好的绿化效果，都应当使用小苗。

（二）修剪整形

对选用的苗木，栽植之前应当进行一定程度的修剪整形，以保证苗木顺利成活。

1. 裸根苗木整剪

栽植之前，应对根部进行整理，剪掉断根、枯根、烂根，短截无细根的主根；还应对树冠进行修剪，一般要剪掉全部枝叶的1/3～1/2，使树冠的蒸腾作用面积大大减小。

2. 带土球苗木的修剪

带土球的苗木不进行根部修剪，只对树冠修剪即可。修剪时，可连枝带叶剪掉树冠的1/3~1/2；也可在剪掉枯枝、病虫枝以后，将全树的每一个叶片都剪截1/2~2/3，以大大减少叶面积的办法来降低全树的水分蒸腾总量。

（三）栽植技术处理

为了确保栽植成活，在栽植过程中要注意以下一些问题并采取相应的技术措施。

1. 栽植时间确定

经过修剪的树苗应马上栽植。如果运输距离较远，则根兔处要用湿草、塑料薄膜等加以包扎和保湿。栽植时间最好在上午11时之前或下午4时以后，而在冬季刚只要避开最严寒的日子就行。

2. 栽植

种植穴要按一般的技术规程挖掘，穴底要施基肥并铺设细土垫层，种植土应疏松肥沃。把树苗根部的包扎物除去，在种植穴内将树苗立正栽好，填土后稍稍向上提一提，再插实土壤并继续填土至穴顶。最后，在树苗周围做出拦水的围堰。

3. 灌水

树苗栽好后要立即灌水，灌水时要注意不损坏土围堰。土围堰中要灌满水，让水慢慢浸下到种植穴内。为了提高定植成活率，可在所浇灌的水中加入生长素，刺激新根生长。生长素一般采用萘乙酸，先用少量酒精将粉状的萘乙酸溶解，然后掺进清水，配成浓度为200×10^{-6}的浇灌液，作为第一次定根水进行浇灌。

（四）苗木管理与养护

由于是在不适宜的季节中栽树，因此，苗木栽好后就更加要强化养护管理。平时，要注意浇水，浇水要掌握"不干不浇、浇则浇透"的原则；还要经常对地面和树苗叶面喷洒清水，增加空气湿度，降低植物蒸腾作用。在炎热的夏天，应对树苗进行遮阴、避免强阳光直射。在寒冷的冬季，则应采取地面盖草、树侧设立风障、树冠用薄膜遮盖等方法，来保持土温和防止寒害。

第五章 园林景观设计要素与设计手法

第一节 园林景观构成要素

一、自然景观要素

(一) 山岳风景景观

山岳是构成大地景观的骨架，各大名山独具特色，构成雄、险、奇、秀、幽、旷、深、奥等形象特征。划分名山类型的一般原则，是以岩性为基础，综合考虑自然景观的美学意义和人文景观特征，分为花岗石断块山、岩溶景观名山、丹霞景观地貌、历史文化名山等。由于地质变迁的差异，这些山具有不同的景观因素。

1. 山峰

山峰包括峰、峦、岭、岗、崖、岩、峭壁等不同的自然景象，因岩质不同而异彩纷呈。如黄山、华山花岗岩山峰高耸威严；桂林、云南石林石灰岩山峰柔和清秀；武夷山、丹霞山红砂岩山峰的赤壁奇观；石英砂的断裂风化，形成了湖南武陵源、张家界的柱状峰林；变质杂岩而生成的山峰造就了泰山五岳独尊的宏伟气势。

山峰既是登高远眺的佳处，又表现出千姿百态的绝妙意境。如黄山的梦笔生花、云南石林的阿诗玛、武夷山的玉女峰、张家界的夫妻峰、承德的棒槌峰、鸡公山的报晓峰等。

2. 岩崖

由地壳升降、断裂风化而形成的悬崖危岩，如庐山的龙首崖，泰山的瞻鲁台、舍身崖、扇子崖，厦门的鼓浪屿和日光岩，还有海南岛的天涯海角石、桂林象山的象眼岩和三清山的石景等。

3. 洞府

洞府构成了山腹地下的神奇世界，如著名的喀斯特地形石灰岩溶洞，仿佛地下水晶宫，洞内的石钟乳、石笋、石柱、石幔、石花、石床、云盆等各种象形石光怪离奇；地下泉水、湍流更是神奇莫测。中国著名的溶洞有浙江瑶琳洞、江苏善卷洞、安徽广德洞，湖北神农架上冰洞山内的风洞、雷洞、闪洞、电洞等。

4. 溪涧与峡谷

涧峡是山岳风景中的重要因素，它与峰峦相反，以其切割深陷的地形、曲折迂回的溪流、湿润芬芳的花草而引人入胜。如武夷山的九曲溪蜿蜒 7.5km，回环而下，成为游客乘筏畅游的仙境；贵阳郊区的花溪，每年春夏邀来多少情侣携游；台湾花莲县的太鲁峡谷，峡内断崖高差达千米，瀑布飞悬，景色宜人。

5. 火山口景观

火山活动所形成的火山口、火山锥、熔岩流台地、火山熔岩等。如东北五大连池景观就是火山堰塞湖；还有长白山天池火山湖，火山口上的原始森林奇观；浙江南雁荡山火山岩景观等。

6. 高山景观

在我国西部，有不少仅次于积雪区，海拔高度在 5 000m 以上的山峰，如青藏、云贵高原地区，多半是冰雪世界。高山风景主要包括冰川，如云南的玉龙雪山，被称为我国冰川博物馆。还有高山冰塔林水晶世界景观，高山珍奇植物景观，如雪莲花、凤毛菊、点地梅等。

7. 古化石及地质奇观

古生物化石是地球生物史的见证者，是打开地球生命奥秘的钥匙，也是人类开发利用地质资源的依据，古化石的出露地和暴露物自然就成为极其宝贵的科研和观赏资源。如四川自贡地区有著名的恐龙化石，并建成世界知名的恐龙博物馆；山东、河北等地的石灰岩层叠石是 20 亿年前藻类蔓生的成层产物，形成绚丽多彩的大理石岩基；山东莱芜地区有寒武纪三叶虫化石，被人们开发制成精美的蝙蝠石砚；山东临朐城东有一座世界少有的山旺化石宝库，在岩层中完整保留着距今 1 200 万年前的多种生物化石，颗粒细致的岩层被人誉称为"万卷书"，是研究古生物、地理和古气候的重要资料。史前岩洞还是古人类进化史的课堂，北京周口店等处发现了古猿人的化石，证明了人类的起源与演变。变化万千的古化石及地质奇观，遍布我国各地，它们是科学研究的宝贵资料，也是自然中的景观资源。

（二）水域风景景观

水是大地景观的血脉，是生物繁衍的条件。人类对水更有着天然的亲近感，水景是自然风景的重要因素，广义的水景包括江河、湖泊、池沼、泉水、瀑潭等风景资源（海水列入海滨风景中）。

1．泉水

泉是地下水的自然露头，因水温不同而分冷泉和温泉，包括中温泉（年均温45℃以下）、热泉（45℃以上）、沸泉（当地沸点以上）等；因表现形态不同而分为喷泉、涌泉、溢泉、间歇泉、爆炸泉等；从旅游资源角度看，有饮泉、矿泉、酒泉、喊泉、浴泉、听泉、蝴蝶泉等；还可按不同成分分为单纯泉、硫酸盐泉、盐泉、矿泉等。我国古人以水质容重等条件品评了各大名泉，如天下第一泉的北京玉泉山玉泉、无锡惠山的天下第二泉、杭州虎跑的天下第三泉等。作为著名的河景资源，我国有济南七十二名泉，以趵突泉最胜；西安华清池温泉，以贵妃池最重；重庆有南、北温泉；还有西藏羊八井的爆炸泉；台湾阳明山、北投、关子岭、四重溪四大温泉等。

泉水的地质成因很多，因沟谷侵蚀下切到含水层而使泉水涌出叫侵蚀泉；因地下含水层与隔水层接触面的断裂而涌出的泉水叫接触泉；地下含水层因地质断裂，地下水受阻而顺断裂面而出的叫断层泉；地下水遇隔水体而上涌地表的叫溢流泉（如济南趵突泉）；地下水顺岩层裂隙而涌出地面者叫裂隙泉（杭州虎跑泉）。矿泉是重要的旅游产品资源；温泉是疗养的重要资源；不少地区泉水还是重要的农业和生活用水来源。所以泉水可以说是融景、食、用于一体的重要风景要素。

2．瀑布

瀑布是高山流水的精华所在，瀑布有大有小，形态各异，气势非凡。我国最大的瀑布是黄果树瀑布，宽约30m，高60m以上，最大落差72.4m；吉林省的长白山瀑布也十分雄伟壮观；黑龙江的镜泊湖北岸吊水楼瀑布是我国又一大瀑布，奔腾咆哮，飞泻直下，轰鸣作响，景色迷人。另外，知名的瀑布还有浙江雁荡山的大龙漱、小龙漱瀑布，建德市的葫芦瀑；江西庐山的王家坡双瀑、黄龙潭、玉帘泉、乌龙潭；山西壶口瀑布以及臣龙岗的上下二瀑等。所有山岳风景区几乎都有不同的瀑布景观，有的常年奔流不息，有的顺山崖辗转而下，有的像宽大的水帘漫落奔流，似万马奔腾，若白雪银花。丰富的自然瀑布景观也是人们造园的蓝本。总之，瀑布以其飞舞的雄姿，使高山动色，使大地回声，给人们带来"疑是银河落九天"的抒怀和享受。

3．溪涧

飞瀑清泉的下游常出现溪流深涧。如浙江杭州龙井九溪十八涧，起源于杨梅岭的杨家坞，然后汇合九个山坞的细流成溪。贵州的花溪也是著名的游览地，花溪河三次出入于两山夹峙之中，入则幽深，不知所向，出则平衍，田畴交错，或突兀孤立，或蜿蜒绵亘，形成山环水绕，水清山绿，堰塘层叠，河滩十里的绮丽风光。为了再现自然，古人在庭园中也利用山石流水创造溪涧的景色，如杭州玉泉的水溪等，都是仿效自然创造的精品。

4. 峡谷

峡谷是地形大断裂的产物，富有壮丽的自然景观。著名的长江三峡是地球上最深、最雄伟壮丽的峡谷之一，崔嵬摩天，幽邃峻峭，江水蜿蜒东去，两岸古迹又为三峡生色。其中，瞿塘峡素有"夔门天下雄"之称；巫峡则以山势峻拔，奇秀多姿著称；西陵峡最长，其间又有许多峡谷，如兵书宝剑峡、崆岭峡、黄牛峡、灯影峡等。另外，广东清远县有著名的清远飞来峡，承德有松云峡，北京的龙庆峡素有"小三峡"之称，还有四川嘉州小三峡等。此外还有尚未开发的云南三江大峡谷，黄河上的三门峡等。

5. 河川

河川是祖国大地的动脉，著名的长江、黄河是中华民族文化的发源地。自北至南，排列着黑龙江、辽河、松花江、海河、淮河、钱塘江、珠江、万泉河，还有祖国西部的三江峡谷（金沙江、澜沧江和怒江），美丽如画的漓江风光等。大河名川，奔泻万里，小河小溪，流水人家，大有排山倒海之势，小有曲水流觞之趣。总之，河川承载着千帆百舸，孕育着良田沃土，装点着富饶大地，流传着古老文化，它是流动的风景画卷，又是一曲曲动人心弦的情歌。

6. 湖池

湖池像是水域景观项链上的宝石，又像洒在大地上的明珠，她以宽阔平静的水面给我们带来悠荡与安详，也孕育了丰富的水产资源。从大处着眼，我国湖泊大体有青藏高原湖区，蒙新高原湖区，东北平原山地湖区，云贵高原湖区和长江下游平原湖区。著名的湖池有新疆天池、天鹅湖，黑龙江镜泊湖、五大连池，青海的青海湖，陕西的华清池，甘肃的月牙泉，山东的微山湖，南京的玄武湖、莫愁湖，云南的滇池、洱海，湖南和湖北的鄱阳湖、洞庭湖，无锡的太湖，江苏、安徽的洪泽湖，安徽的巢湖，浙江的千岛湖，杭州的西湖，扬州的瘦西湖，桂林的榕湖、杉湖，广东的星湖，台湾的日月潭等。

此外，还有大量水库风景区，如北京十三陵水库、密云水库，广州白云山鹿湖，深圳水库，珠海竹仙洞水库，海南松涛水库等。无论天然还是半人工湖池，大都依山畔水，植被丰富，近邻城市，游览方便。中国园林景观欲咫尺山林，小中见大，多师法自然，开池引水，形成庭园的构图中心、山水园的要素之一，深为游人喜爱。

7. 滨海

我国东部海疆既是经济开发区域，又是重要的旅游观光胜地。这里碧海蓝天，绿树黄沙，白墙红瓦，气象万千。有海市蜃楼幻景，有浪卷沙鸥风光，有海蚀石景奇观，有海鲜美味品尝。如河北的北戴河，山东的青岛、烟台、威海，江苏的连云港花果山，浙江宁波的普陀山，福建厦门的鼓浪屿，广东深圳的大鹏湾，珠海的香炉湾，海南三亚的亚龙湾等。

我国沿海自然地质风貌大体有三大类。基岩海岸，大都由花岗岩组成，局部也有石灰岩系，风景价值较高；泥沙海岸，多由河流冲积而成，为海滩涂地，多半无风景价值；生物海岸，包括红树林海岸、珊瑚礁海岸，有一定观光价值。由上可知，海滨风景资源是要因地制宜、逐步开发才能更好地利用。自然海滨景观多为人们仿效，再现于城市园林的水域岸边，如山石驳岸、卵石沙滩、树草护岸或点缀海滨建筑雕塑小品等。

8. 岛屿

我国自古以来就有东海仙岛和灵丹妙药的神话传说，不少皇帝曾派人东渡求仙，由此也构成了中国古典园林中一池三山（蓬莱、方丈、瀛洲）的传统格局。由于岛屿具有给人们带来神秘感的传统习惯，在现代园林景观的水体中也少不了聚土石为岛，植树点亭，或设专类园于岛上，既增加了水体的景观层次，又增添了游人的探求情趣。从自然到人工岛屿，知名者有哈尔滨的太阳岛、青岛的琴岛、烟台的养马岛、威海的刘公岛、厦门的鼓浪屿、台湾的兰屿、太湖的东山岛、西湖的三潭印月（岛）等。园林景观中的岛屿，除利用自然岛屿外，都是模仿或写意于自然岛屿的。

（三）天文、气象景观

由天文、气象现象所构成的自然形象、光彩都属于这类景观，大都为定点、定时出现在天上、空中的景象，人们通过视觉体验而获得美的享受。

1. 日出、晚霞

日出象征着紫气东来，万物复苏，朝气蓬勃，催人奋进；晚霞呈现出霞光夕照，万紫千红，光彩夺目，令人陶醉。大部分景观在9~11月金秋季节均可以欣赏到。如泰山玉皇顶、日观峰观日出；衡山祝融峰望日台观日出；华山朝阳峰朝阳台观日出；五台山黛螺顶、峨眉山金顶臣云庵睹光台、杭州西湖葛岭初阳台、莫干山观台以及大连老虎滩、北戴河、普陀山等地均是观日出的最佳圣地。杭州西湖的"雷峰夕照"、嘉峪关的"雄关夕照"、普陀山的"普陀夕照"、潇湘八景之一的"渔村夕照"、燕京八景之一的"金台夕照"、吴江八景之一的"西山夕照"、桂林十二景之一的"西峰夕照"等，均是观晚霞的最佳景点。

2. 云雾佛光景观

乘雾登山，俯瞰云海，仿若腾云驾雾，飘飘欲仙。如黄山、泰山、庐山等山岳风景区海拔 1 500m 以上均可出现山丘气候，还造成雾凇雪景，瀑布云流，云海翻波，山腰玉带云景（云南苍山），"海盖云""望夫云"（洱海）等。"佛光""宝光"是自然光线在云雾中折射的结果。如，泰山佛光多出现于 6—8 月，约 6 天；黄山约 42 天；而峨眉山有 71 天，且冬季较多。总之，云雾佛光，绮丽万千，招来无数游客，堪称高山景观之绝。

3. 海市蜃楼景观

海市蜃楼是因为春季气温回升快，海温回升慢，温差加大出现"逆温"，造成上下空气层密度悬殊而产生光影折射的结果。如山东蓬莱的"海市蜃楼"闻名于世，那变幻莫测的幻影，把人带到另一个世界；广东惠来县神泉港的海面上龙穴岛亦有这种"神仙幻境"，有时长达 4~6 小时；这种现象在沙漠中也会出现。另外，在晴朗的日子里，海滨日出、日落时，在天际线处常闪现绿宝石般的光芒，这是罕见的绿光景观。

（四）生物景观

1. 植物类景观

植物包括森林、草原、花卉三大类。我国植物资源（基因库）最为丰富，传播于世界各地。植物是景园中绿色生命的要素，与造园、人类生活关系极为密切。

（1）森林

森林是人类的摇篮，绿化的主体，园林景观中必备的要素。现代有以森林为主的森林公园，一般园林景观也多以奇树异木作为景观。森林按其成因分为原始森林、自然次生林、人工森林；按其功能分用材林、经济林、防风林、卫生防护林、水源涵养林、风景林。我国森林景观因其地域、功能不同，各具显著特征。如华南南部的热带雨林；华中、华南的常绿阔叶林、针叶林及竹林；华中、华北的落叶阔叶林；东北、西北的针阔叶混交林及针叶林。还有乔木、灌木、灌丛等不同形状的树木、树林。

（2）草原

有以自然放牧为主的自然草原，如东北、西北及内蒙古牧区的草原；有以风景为主的或做园林景观绿地的草地。草地是自然草原的缩影，是园林景观及城市绿化必不可少的要素。

（3）花卉

有木本、草本两种，也是景园的要素。花园，即以花卉为主体的景园。我国花卉植物资源在世界上最为丰富，且多名花精品，绝世珍奇。如国色天香、花中之王的牡丹，花中皇后芍药，天下奇珍琼花，天下第一香兰花，20 世纪 60 年代新发现的金花茶，以及梅花、菊花、桂花等。除自然生长的花卉外，现代又培育出众多的新品种。花卉与树木常结合布置于景园中，组成色彩鲜艳、芳香沁人的景观，为人们所喜爱、歌咏。

2. 动物类景观

动物是景园中最活跃、最有生气的要素。有以动物为主体的园，称动物园；或以动物为园中景观、景区，称观、馆、室等。全世界有动物约 150 万种，包括鱼类、爬行类、鸟类、昆虫类、两栖类及灵长类等。

二、历史人文景观要素

（一）名胜古迹景观

名胜古迹是指历史上流传下来的具有很高艺术价值、纪念意义、观赏效果的各类建设遗迹、建筑物、古典名园、风景区等。一般分为古代建设遗迹、古建筑、古工程及古战场、古典名园、风景区等。

1. 古代建设遗迹

古代遗存下来的城市、乡村、街道、桥梁等，有地上的，有发掘出来的，都是古代建设的遗迹或遗址。我国古代建设遗迹最为丰富多样，且大都开辟为旅游胜景，成为旅游城市、城市景园的主要景观、风景名胜区、著名陈列馆（院）等。

我国著名的古代城市如六朝古都南京、汉唐古都长安（西安）、明清古都北京，以及山东曲阜、河北山海关、云南丽江古城等，都是世界闻名的古城。古乡村（村落）有西安的半坡村遗址；古街有安徽屯溪的宋街；古道有西北的丝绸之路；古桥梁则有赵州桥、卢沟桥等。

2. 古建筑

世界多数国家都保留着历史上流传下来的古建筑，我国古建筑的历史悠久、形式多样、形象多类、结构严谨、空间巧妙，都是举世无双的，而且近几十年来修建、复建、新建的古建筑面貌一新，不断涌现，蔚为壮观，成为园林景观中的重要元素。古建筑一般包括宫殿、府衙、名人居宅、寺庙、塔、教堂、亭台、楼阁、古民居、古墓、神道建筑等。其中寺庙、塔、教堂合称宗教与祭祀建筑；亭台、楼阁有独立存在的，也有在宫殿、府衙及园中的。跨类而具有综合性的有："东方三大殿"，即北京故宫、山东岱庙天观殿、山东曲阜孔庙大成殿；江南三大楼，即湖南岳阳楼、湖北黄鹤楼、江西南昌滕王阁。

（二）文物艺术景观

文物艺术景观指石窟、壁画、碑刻、摩崖石刻、石雕、雕塑、假山与峰石、名人字画、文物、特殊工艺品等文化、艺术制作品和古人类文化遗址、化石。古代石窟、壁画和碑刻是绘画与书法的载体，现代有些成为名胜区，有些原就是园林景观中的装饰。石雕、雕塑、假山和峰石，则是园林景观中的景观。名人字画往往作为景园题名，题咏和陈列品。文物、特殊工艺品，也常作为园林景观中陈列的珍品。

1. 石窟

我国现存有历史久远、形式多样、数量众多、内容丰富的石窟，是世界罕见的综合艺术宝库。其上凿刻、雕塑着古代建筑、佛像、佛经故事等形象，艺术水平很高，历史与文化价值无量。闻名世界的有甘肃敦煌石窟（又称莫高窟），从前秦至元代，工程延续约千年；河南洛阳龙门石窟，是北魏后期至唐代所建大型石窟群，有大小窟龛 2 100 多处，造像约 10 万尊，是古代建筑、雕塑、书法等艺术资料的宝库；甘肃天水麦积山石窟，是现存唯一自然山水与人文景观结合的石窟。其他还有辽宁义县万佛堂石窟、山东济南千佛山、云南剑川石钟山石窟、宁夏须弥山石窟、南京栖霞山石窟等多处。

2. 壁画

壁画是绘于建筑墙壁或影壁上的图画。我国很早就出现了壁画，古代流传下来的如山西繁峙县岩山寺壁画，金代 1158 年开始绘于寺壁之上，为大量的建筑图像，是现存的金代的规模最大、艺术水平最高的壁画；云南昭通市东晋墓壁画，在墓室石壁之上绘有青龙、白虎、朱雀、玄武与楼阙等形象及表现墓主生前生活的场景，是研究东晋文化艺术与建筑的珍贵艺术资料。

3. 碑刻、摩崖石刻

碑刻是刻文的石碑，是各体书法艺术的载体。如泰山的秦李斯碑、岱顶的汉无字碑、岱庙碑林、曲阜孔庙碑林、西安碑林、南京六朝碑亭、唐碑亭以及清代康熙、乾隆在北京与游江南所题御碑等。

摩崖石刻，是刻文字、图画的山崖，文字除题名外，多为名山铭文、佛经经文。山东泰山摩崖石刻最为丰富，被誉为我国石刻博物馆。图画摩崖石刻多见于我国西北、西南边疆地区，多为古代少数民族创作的岩画，内容有人物、动物、生活、战争等。著名的有新疆石门子岩画、广西花山岩画等。

4. 雕塑艺术品

雕塑艺术品是指多用石质、木质、金属雕刻与泥塑各种艺术形象的作品。古代以佛像、神像及珍奇动物形象为数最多，其次为历史名人像。我国各地古代寺庙、道观及石窟中都有丰富多彩、造型各异、栩栩如生的佛像、神像。

珍奇动物形象雕塑，自汉代起至清代古典景园中就作为园林景观点缀或一景观。宫苑中多为龙、鱼雕像，且与水景制作相结合，有九龙形象，如九龙口吐水或喷水；也有在池岸上石雕龙头像，龙口吐水入池的，如保存至今的西安临潼华清池诸多龙头像。

5. 诗词、楹联、字画

中国风景园林的最大特征之一就是深受古代哲学、宗教、文学、绘画艺术的影响，自古以来就吸引了不少文人画家、景观建筑师甚至皇帝亲自制作和参与，使我国的风景园林带有浓厚的诗情画意。诗词楹联和名人字画是景观意境点题的手段，既是情景交融的产物，又构成了中国园林景观的思维空间，是我国风景园林文化色彩浓重的集中表现。

6. 出土文物及工艺美术品

包括具有一定考古价值的各种出土文物，著名的有秦兵马俑（陕西秦始皇陵）、古齐国殉马坑（山东临淄）、北京明十三陵等地下古墓室及陪葬物等。

（三） 民间风俗与节庆活动

民俗风情是人类社会发展过程中所创造的一种精神和物质现象，是人类文化的一个重要组成部分。社会风情主要包括民居村寨、民族歌舞、地方节庆、宗教活动、封禅礼仪、生活风俗、民间技艺、特色服饰、神话传说、庙会、集市、逸闻等。我国民族众多，不同地区、不同民族有着众多的生活风俗和传统节日。如农历三月三是广西壮族、白族、纳西族以及云南、贵州等地人们举行歌咏的日子；农历九月初九是我国传统的重阳节，有登高插茱萸、赏菊饮酒的风俗。此外还有六月六、元旦、春节、中秋、泼水节（傣族）等。

第二节　城市景观设计

一、城市景观理论

（一） 城市景观的含义

城市景观是建筑学中一门范围宽泛、很综合又难以准确定义的专业。城市是一个复杂的有机体，房屋建筑应当是它构成的主体，并有建筑以外的空间环境相辅，两者合起来称为城市景观。作为城市景观的一部分，建筑为人生存和工作提供所需用的空间场所，基本要素表现为功能实用、造型美观和经济等。城市的景观是建筑物外的一切，有人工的、自然的，是人们工作和休闲用的空间环境。它要求舒适、安全而更具观赏性。建筑有明显的技术性、经济性和对城市的直接作用。景观更具社会性、时间性和间接作用。建筑对城市常表现为强势、刚硬，景观常表现为弱势、柔韧。

（二）　城市景观的控制要素

城市景观主要表现在城市的公共环境、公共活动和活动中的人这三个方面。从城市景观的控制理论与研究角度出发，我们可以将城市景观分为活动景观和实质景观两个方面。

1. 城市中的活动景观

从城市功能的角度来看，城市中的公共活动是城市灵魂的体现。倘若城市中没有了人们的活动也就变成了废城。城市中公共空间和各种场所的设置，其目的就是为了市民的使用和活动。城市中的各种活动就其性质而言可以分为休闲活动、节庆活动、交通活动、商业活动、观光活动。

（1）休闲活动

如晨操、散步、饮茶、棋艺、野餐、郊游、风筝、钓鱼等。这些活动有一定的规律性和被市民认同的领域性，对城市居民而言，是司空见惯的情景；但对相对陌生的外来游客而言，则是些令人兴趣盎然的活动。

（2）节庆活动

如春节、元旦、国庆等法定节日；元宵、端午、中秋等民俗节日；赛龙舟、牡丹花会等文化节日；迎送国宾、伟人殡葬、游行示威等行政活动。这些活动虽然频率低，但为市民所普遍关注，酝酿准备的时间长，内涵的能量大，活动展开时能吸引大量的市民参加，且能激动人心，具有轰动的效果。特别是文化节日活动，因其人文背景强，具有突出的特征，往往成为一个城市具有代表性的活动景观，吸引了八方游客，促进了人际间的经济、文化交往，成为城市发展的一种动力。如曲阜的孔子文化节、潍坊风筝节、青岛啤酒节等。

（3）交通活动

以车站、码头、机场为中心的大量人流、车流的集散活动。它在功能上应保持人行与车行交通的搭配衔接，而又互不干扰。市际交通枢纽往往是进入城市的门户，是城市景观规划的重点所在。

（4）商业活动

综合商业活动展现了城市的生命力，体现了城市的发展活力，其形式多种多样。如一般零售店、特色商店、高级百货公司、超级市场、购物中心、酒店酒楼、酒吧舞厅、影剧娱乐、美食排档、自由市场等。对于商业活动应强调各个领域的特色，避免不相称的活动侵入而减弱了原有的特色。另外也要控制商业活动的范围，避免扩张到外围的区域去，而带来相互之间的负面影响。商业活动要以步行为主，避免车行交通的干扰。

（5）观光活动

主要是对观光客人而言，应有明确的、尽可能连续的观光活动路线，应在最短时间内将城市的独特风貌、重要景点、民俗特征等展现在游客面前，使他们在视觉上获取丰富的信息，形成一个可以永久记住的印象。

2. 城市中的实质景观

城市中的实质景观是指城市中面向公共大众的、固定的客观实体，它们独立于人的意识之外构成城市的景观形态，是容纳、支配城市中各种功能活动的躯体和骨架，并从精神上、物质上长久深远地影响着生活在其中的每一个市民。

（三）城市景观分类

城市景观分类的目的在于认识城市景观的不同特性，从而把握形成其特性的相关因素，以创造出丰富多彩的城市空间环境。不同的思考方式对应不同的分类方法。

城市按土地使用情况分类，可分为公园绿地、居住区、商业区、工业区等区域；按地理位置，又可分为滨水区与山峦区，市中区与市郊区等地段，各个区段空间由于其自然环境与人工设施性质不同，以及由此产生的各种活动构成了各自不同的景观特色；根据景观的形态和内涵的价值标准，可分为特色景观与普通景观，特色景观以其独有的自然、历史、审美价值而突显出来成为焦点景观，普通景观则构成城市的背景；按观察者所在的位置与景物之间的距离，可分为远景、中景、近景等三个层次，在城市外围远眺或登高俯瞰可以观察到城市的全景；按观察者本人的观察方式，可分为动态景观与静态景观。观察者在一个固定地点观察可以得到静态景观，静态景观具有画面美。观察者以运动的方式观察则可以看到由一系列画面所构成的连续景观，动态景观具有韵律美。人们对空间景观的感受与人们的运动速度（步行、乘车）有关，高速行进中的人只能把握物体的外形与色彩，步行者则可观察到一些形体、色彩、质感等细节。

（四）城市景观的基本特性

1. 复合性

城市中既有自然景观，又有人工景观；既有静态的硬体设施，又有动态的软体活动，表现为各要素的交织与并演。城市景观艺术是一门时空的艺术，它随着观察者在空间中的移动而呈现出一幅幅连续的画面。城市整体景观由各个局部景观叠合而成。

2. 历时性

城市是历史的积淀，每个城市都有其自身的产生、发展过程，它经历了一代又一代人的建设与改造，不同时代又产生不同的风貌。城市景观只是一个过程，没有最终结果。城市景观随着城市的发展而变化。

3. 地方性

每个城市都有其特定的自然地理环境，有各自的历史文化背景，以及在长期的实践中形成的特有的建筑形式与风格，加上当地居民的素质及所从事的各项活动构成了一个城市特有的景观。

二、城市景观规划设计

（一）城市景观规划设计

城市景观规划设计是以城市中的自然要素与人工要素的协调配合，以满足人们的活动要求、创造具有地方特色与时代特色的空间环境为目的的工作过程。其工作领域覆盖从宏观城市整体环境规划到微观的细部环境设计的全过程，一般分为城市总体景观、城市区域景观与城市局部景观三个层次。城市景观规划设计是对城市空间视觉环境的保护、控制与创造，它和城市规划（总体规划、分区规划等）、城市设计、建筑设计、景观建筑设计有着密切的关系，它们之间互相渗透、互为补充。

城市规划是对城市土地所做的平面使用计划，其道路系统的组织与用地安排对城市景观的形成有很大影响，因而在做城市规划时就应该考虑到景观问题。城市景观规划则是就土地立体使用并考虑各局部与整体造型所做的规划。城市景观规划首先必须对当地城市景观资源进行调查，通过视觉的分析评价，明确现存景观的价值和形态特征以及各种潜力和限制因素，确定城市的主要景点及观景点并对其进行分级，然后做出景观风貌规划分区。一般可将城市分为主要景观区、传统特色区、重要沿街景观区、自然风景区、一般景观区与景观协调区等，再针对不同性质的景观区域，制订相应的改善、保护、整治计划，诸如建筑形式及高度的控制、城市天际线控制、空间视觉走廊的控制、建筑容积率控制、建筑材料和色彩的控制、街道的比例以及各种环境设施的配置等。城市景观规划为城市景观设计提供了设计依据。

城市设计是实现城市规划的设计，是在城市总体规划指导下，对以人为主体的城市形体环境中各项物质要素所做的综合环境设计，是连接城市规划与建筑设计的纽带。城市景观设计是实现城市景观规划的设计，与城市设计是相互依存的，它们之间的区别在于城市设计侧重于功能、空间的研究而带有景观内涵，而城市景观设计侧重于城市景观的研究而带有功能、规划的内容。城市景观设计着意于人工环境与自然环境的并举，同时注重空间中人们的活动。其设计成果表现为图纸与模型。随着电脑三维模拟技术的应用，现在人们可以从不同的视点以动态的方式来观察城市空间形态，这有助于设计者在实体建成前了解将来对环境的实际感受，从而更好地把握景观关系。

建筑设计是根据具体的功能要求在一特定地段上所做的空间、形体与环境设计，其形式、尺度、色彩与质地对该地段内的环境景观构成影响。单体建筑设计应服从城市整体景观要求，综合考虑周边环境因素以及人们观察建筑时的视点、视角等因素进行建筑体形及立面（包括第五立面——屋顶）的设计，以推进城市整体景观的形成。

景观建筑设计主要是对城市外部空间、地面以及所有环境设施的设计，是城市景观设计的重要组成部分，对环境景观的形成具有重大影响。景观建筑设计的要素可分为眺望、散步道、标志物、历史文物、水边、雕塑小品、中心公园、道路标志、花园步行道、水域、街景、立面、广场、夜间照明、林荫道、广告等主题。

（二）城市景观规划的程序

城市景观规划就是要创造良好的生产、生活环境，创造优美的城市景观。在规划设计中，始终把景观作为一个整体来考虑，协调人与环境、生物与生物、生物与非生物及生态系统之间的关系。城市景观规划包括如下内容：收集和调查城市景观的基础资料，对城市进行景观生态分析与评价，拟订城市景观生态规划。

（三）城市景观规划设计的基本原则

1. 以人为本，体现博爱

环境设计的最终目的是应用社会、经济、艺术、科技、政治等综合手段，来满足人在城市环境中的存在与发展需求。它使城市环境充分容纳人们的各种活动，而更重要的是使处于该环境中的人感受到人类的高度气质，在美好而愉快的生活中鼓励人们的博爱和进取精神。人是城市空间的主体，任何空间环境设计都应以人的需求为出发点，体现出对人的关怀。根据婴幼儿、青少年、成年人、老年人、残疾人的行为心理特点创造出满足其各自需要的空间，如运动场地、交往空间、无障碍通道等。时代在进步，人们的生活方式与行为方式也在随着发生变化，城市景观设计应适应变化的需求。

2. 尊重自然，和谐共存

自然环境是人类赖以生存和发展的基础，其地形地貌、河流湖泊、绿化植被等要素构成城市的宝贵景观资源，尊重并强化城市的自然景观特征，使人工环境与自然环境和谐共处，有助于城市特色的创造。古代人们利用风水学说在城址选择、房屋建造，使人与自然达成"天人合一"的境界方面为我们提供了极好的参考榜样。今天在钢筋混凝土大楼林立的都市中积极组织和引入自然景观要素，不仅对达成城市生态平衡，维持城市的持续发展具有重要意义，同时，还能以其自然的柔性特征"软化"城市的硬体空间，为城市景观注入生气与活力。

3. 延续历史，开创未来

城市建设大多是在原有基础上所做的更新改造，今天的建设成为连接过去与未来的桥梁。对于具有历史价值、纪念价值和艺术价值的景物，要有意识地挖掘、利用和维护保存，以便历代所经营的城市空间及景观得以延续。同时应用现代科技成果，创造出具有地方特色与时代特色的城市空间环境，以满足时代发展的需求。

4. 协调统一，多元变化

城市的美体现在整体的和谐与统一之中。古人云"倾国宜通体，谁来独赏梅"，说明了整体美的重要性。漂亮建筑的集合不一定能组成一座美的城市，而一群普通的建筑却可能造就一座景观优美的城市，意大利的中世纪城市即是最好的例证。城市景观艺术是一种群体关系的艺术，其中的任何一个要素都只是整体环境的一部分，只有相互协调配合才能形成一个统一的整体。如果把城市比作一首交响乐，每一位城市建设者比作一位乐队演奏者，那么需要在统一的指挥下，才能奏出和谐的乐章。

城市的美同时反映在丰富的变化之中。根据行为心理学的研究，人的大脑需要一定复杂程度的刺激，过多的刺激容易使人疲惫，单调的景物又使人乏味，这就需要城市景观既统一而又富有变化。一方面，可以通过建筑的形式、尺度、色彩、质地的变化区分主次建筑；另一方面，可以通过空间序列的组织，营造出空间大小、开合的变化，形成光影的明暗对比，构成有起伏、转承、高潮的空间环境景观。

第三节　城市绿地设计

城市景观绿地是城市用地中的一个有机组成部分，它与工业生产、人民生活、城市建筑与道路建设、地上地下管线的布置密切相关。由于城市人口密集，工业生产集中，对自然生态平衡系统的结构与机能产生严重的破坏作用。为了改善城市环境，应该把城市生态系统中的重要组成部分——绿地，放在突出地位。城市景观绿地规划是城市总体规划的一个重要组成部分，合理安排绿地是城市总体规划中不可缺少的内容之一，是指导城市绿地详细规划和建设管理的依据。

一、城市绿地的作用

（一）保护城市环境

1. 净化空气、水体和土壤

植物通过光合作用吸收二氧化碳，放出氧气，又通过呼吸作用吸收氧气和排出二氧化碳。但是，光合作用所吸收的二氧化碳要比呼吸作用排出的二氧化碳多 20 倍，因此，最终结果是消耗了空气中的二氧化碳和增加了空气中的氧。一般城市如果每人平均有 $10m^2$ 树林或 $25m^2$ 草坪，就能自动调节空气中二氧化碳和氧气的比例平衡使空气保持新鲜。

污染空气中有多种有害气体，如二氧化碳、氯气、氟化氢、氨以及汞、铅蒸气等。在一定浓度条件下，有许多植物对它们具有不同的吸收能力和净化作用。松林每天可以从 $1m^3$ 空气中吸收 20mg 二氧化硫；女贞、泡桐、刺槐等有较强的吸氟能力；合欢、木槿等具有较强的抗氯和吸氯能力；而大叶黄杨、悬铃木、榆树、石榴等在铅蒸气条件下都未有受害症状。因此，在散发有害气体的污染源附近，选择与其相应的，具有吸收和抗性强的树种绿化，对于防止污染、净化空气是有益的。

植物，特别是树木，对烟灰和粉尘有明显的阻挡、过滤和吸附的作用，同时也可以减少空气中的细菌数量。有许多植物本身因能分泌一种杀菌素而具有杀菌能力。树木还可以吸收水中的溶解质，减少水中的细菌数量，许多水生植物和沼生植物对净化城市污水有明显的作用，每平方米芦苇一年内可积聚 6kg 的污染物质，还可以消除水中的大肠杆菌。另外，植物的地下根系能吸收大量有害物质而具有净化土壤的能力，有植物根系分布的土壤，好气性细菌比没有根系分布的土壤多几百倍至几千倍。

2. 改善城市小气候

树木花草叶面的蒸腾作用，能降低气温，调节湿度，吸收太阳辐射热，对改善城市小气候有着积极作用。研究材料表明，当夏季城市气温为 27.5℃ 时，草坪表面温度为 22～24.5℃，比裸露地面低 6～7℃，林荫下的气温较无绿地低 3～5℃，而较建筑物地区甚至可低 10℃ 左右，绿化植物因其叶片蒸发表面大，故能大量蒸发水分，通过不断向空气中输送水蒸气，故可提高空气湿度，一般公园的湿度比城市其他地区高 27%。另外，城市的带状绿化，在夏季可将城市郊区的气流趁风势引入城市中心区，而在冬季，大片树林可减低风速，减少风沙，发挥防风作用，改善气候。

3. 降低城市噪声

城市绿化，特别是林带对防治噪声有一定的作用。据测定，40m 宽的林带可以减低噪声 10~15dB，30m 宽的林带可吸收 6~8dB。快车道的汽车噪声，穿过 12m 的悬铃木树冠，到达树冠后面的三层楼窗户时，与同距离空地相比向削减量是 3~5dB。树木能减低噪声，是因为声能投射到树叶上被反射到各个方向，造成树叶微振而使声能消耗而减弱。因此，噪声的减弱是与林带的宽度、高度、位置、配置方式以及树木种类等有密切关系。

4. 安全防护

城市景观绿化在安全防护方面的作用体现在防震防火、防御放射性污染和战备防空，以及蓄水保土。

绿地的防震防火作用，过去并未被人们认识。许多植物枝叶含有大量水分，一旦发生火灾，可以阻止火势蔓延，隔离火花飞散，有的植物具有很强的重生能力，如银杏，即使叶片全部燃尽，来年仍然萌芽再生。

绿化植物能过滤、吸收和阻隔放射性物质，减低光辐射的传播和冲击波的杀伤力，阻挡弹片的飞散，并对重要建筑、军事设备、保密设施等起到隐蔽作用。

植物的叶子可防止暴雨直接冲击土壤，草地覆盖地表阻挡流水冲刷，植物的根系能紧固土壤，所以可以固定沙土石砾，防止水土流失。

（二）城市绿地的使用功能

城市绿地的使用功能与社会制度、历史传统、科学文化、经济生活以及地理环境等有密切关系。大致可以分为以下几个方面。

1. 日常游憩娱乐活动

（1）文娱活动。如奕棋、音乐、舞蹈、戏剧、电影、绘画、摄影、阅览等。

（2）体育活动。如游泳、划船、武术、球类、溜冰、滑雪等。

（3）儿童活动。如滑梯、转马、爬梯等。

（4）安静休憩。如散步、钓鱼、品茗等。

这些活动，对于体力劳动者可消除疲劳；对于脑力劳动者可调剂生活，提高工作效率；对于儿童可培养其勇敢、活泼的素质；对于老年人则可增进生机、延年益寿。

2. 文化宣传、科普教育

城市园林绿地是进行文化宣传，开展科普教育的场所。如在综合性公园名胜古迹风景点，设置展览馆、陈列室、纪念馆等，进行多种形式，生动活泼的活动，可以收到非常积极的效果。

3. 为旅游服务

我国幅员辽阔，风景资源丰富，历史悠久，文物古迹众多，园林景观艺术负有盛誉，这些都是发展旅游事业的优越条件。城市景观绿地、自然风景区是国内外旅游者向往之地。随着人民物质生活水平的提高，我国旅游事业将飞速发展，成为人们生活的不可缺少的部分。

4. 休养、疗养的基地

风景名胜区以其优美的景色，宜人的气候等自然条件，为人们的休养、疗养提供了良好的环境。如海滨、高山气候、矿泉、温泉等。就一般城市来讲，可利用城市郊区的森林、水域、山岳等，作为居民的休养、疗养地，特别是节日及休假活动用地，有时也与体育娱乐活动结合在一起。

（三）美化城市

1. 丰富城市建筑群体轮廓线

城市的海滨、沿江一带，是人们水上游赏的必经之地，有的还是入城大门，充分发挥园林绿地的美化作用，结合城市景观绿地系统的整体布局，将人工的规整的建筑轮廓线与自然优美的绿化轮廓线结合起来，达到丰富和具有层次的目的。如青岛散布于山丘之上高低错落的建筑群，掩隐在绿树丛中，构成极具特色的蓝天、绿树、红瓦城市景观。

2. 美化城市

城市中的道路、广场绿化对于市容面貌影响很大。街道绿化可使置身于闹市中的人们，具有生活在绿色走廊的感受。绿化广场既可提供人们短暂休憩，观赏街景，又可达到变化空间，美化环境的效果。

3. 衬托建筑，增加艺术效果

绿色植物的不同形态、色彩和风格可衬托建筑不同的空间氛围。如北京的天坛依靠密植的古柏衬托祈年殿威严、壮观的气势；苏州园林常用粉墙花影、芭蕉、南天竹来表现它的优雅清静。另外，城市景观绿化还可以遮挡城市中有碍观瞻的景象，使城市面貌更加整洁、生动、活泼。

二、城市绿地的分类及特征

城市绿地是指以自然植被和人工植被为主要存在形态的城市用地，包含两个层面的内容：一是城市建设用地范围内用于绿化的土地；二是城市建设用地之外，对城市生态、景观和居民休闲生活具有积极作用、绿化较好的区域。

在与城市用地分类相对应的基础上，按城市绿地的主要功能，可分为以下五大类型。

（一）公园绿地

公园绿地是城市中向公众开放的、以游憩为主要功能，有一定的游憩设施和服务设施，同时兼有健全生态、美化城市、防灾减灾等综合作用的绿化用地。它是城市建设用地、城市绿化系统和城市市政公用设施的重要组成部分，是表示城市整体环境水平和居民生活质量的重要指标。

为了可以针对不同类型的公园绿地提出不同的规划、设计、建设及管理要求，根据公园绿地主要功能和内容的不同，公园绿地又可分为以下五种。

1. 综合公园

是指在市、区范围内的供城市居民进行良好的游览休憩、文化娱乐的综合性功能的较大型绿地。市级公园面积一般 $10 \sim 100 hm^2$，或更大者，居民乘车 30 分钟可达。区级公园面积 $10 hm^2$ 左右，步行 15 分钟可达（即服务半径为 $2 \sim 3$ 公里），可供居民半天到一天的活动。

一般综合性公园的内容、设施较为完备，规模较大，质量较好。园内一般有较明确的功能分区，如文化娱乐区、体育活动区、安静休憩区、儿童游戏区、动植物展览区、园务管理区等。综合性公园也可突出某一方面，以满足使用功能及不同特色的要求。

2. 社区公园

是指为一定居住用地范围内的居民服务，具有一定活动内容和设施的集中绿地。包括为居住区配套建设的居住区公园和为居住小区配套建设的小区游园，不包括组团绿地。居住区公园服务半径为 $0.5 \sim 1.0 km$，小区游园服务半径为 $0.3 \sim 0.5 km$。

3. 专类公园

是指具有特定内容和形式，有一定游憩设施的绿地。

（1）儿童公园是指独立的儿童公园，其服务对象主要是少年儿童及携带儿童的成年人。用地一般为 $5 hm^2$。园中一切娱乐设施、运动器械及建筑物等，首先要考虑安全，有合适的尺度，明亮的色彩，活泼的造型，栽植无毒无刺的植物。其位置应接近居民区，并避免穿越交通频繁的干道。

（2）动物园是集中饲养和展览种类较多的野生动物及品种优良的家禽、家畜的城市公园的一种。主要供休憩游览、文化教育、科学普及、科学研究之用。大城市一般独立设置，中小城市常附设在综合公园中。

（3）植物园是广泛搜集和栽培植物种类，并按生态要求种植布置的一种特殊的城市绿地。植物园的主要任务是搜集多种植物材料，并进行引种驯化，定向培育，品种分类，环境保护等方面的研究工作；另一个任务是向群众及学生普及植物科学知识，作为城市园林绿地的示范基地，促进城市园林事业的发展。如北京植物园、广州的华南植物园、南京中山植物园、西双版纳热带植物园、上海植物园等。植物园按其性质可分为综合性植物园和专业性植物园。

（4）历史名园是指历史悠久，知名度高，体现传统造园艺术并被审定为文物保护单位的园林。或是一种以革命活动故址、烈士陵园、历史名人旧址及墓地等为中心的园林绿地，供人们瞻仰及游览休憩的园林，如南京中山陵及雨花台、广州黄花岗、成都杜甫草堂等；或是一种有悠久历史文化，有较高艺术水平，有一定保存价值，在国内外有影响的古典游园名胜，主要是供休憩游览。

（5）风景名胜公园是指位于城市建设用地范围内，以文物古迹、风景名胜点（区）为主形成的具有城市公园功能的绿地。

（6）游乐公园是指具有大型游乐设施，单独设置，生态环境较好的绿地。为提高游乐场所的环境质量和整体水平，并将游乐场所从偏重于经济效益向注重环境、经济和社会综合效益的方向引导，特规定绿化占地比例65%以上的游乐公园才可划入公园绿地。

（7）其他专类公园是除以上各种专类公园外具有特定主题内容的绿地。包括雕塑园、体育公园、盆景园和纪念性公园等，其绿化占地比例也应大于或等于65%。

4. 带状公园

结合城市道路、城墙、水滨等建设，是绿地系统中颇具特色的构成要素，承担着城市生态廊道的职能。带状公园的宽度受用地条件的限制，一般呈狭长形，以绿化为主，辅以简单的设施。带状公园宽度上虽无规定，但在带状公园的最窄处必须满足游人的通行、绿化种植带的延续以及小型休憩设施布置的要求。

5. 街旁绿地

是指位于城市道路用地之外，相对独立成片的绿地，包括街道广场绿地、小型沿街绿化用地等，要求绿化占地比例不小于65%。

街道广场绿地是我国绿地建设中的一种新类型，是美化城市景观，降低城市建筑密度，提供市民活动、交流和避难场所的开放空间。与道路绿地中的广场用地不同，街道广场绿地位于道路红线之外，而广场绿地在城市规划的道路广场用地（即道路红线范围）以内。

（二）生产绿地

生产绿地是指为城市绿化提供苗木、花草、种子的苗圃、花圃、草圃等圃地。生产绿地可能不为园林部门所属，但它必须为城市服务，并具有生产的特点。因此，一些季节性或临时性的苗圃，如从事苗木生产的农田、单位内附属的苗圃、学校自用的苗圃，还有城市中临时性存放或展示苗木、花卉的用地，如花卉展销中心等都不能作为生产绿地。

（三）防护绿地

防护绿地是指城市中具有卫生、隔离和安全防护功能的绿地。包括卫生隔离带、道路防护绿地、城市高压走廊绿带、防风林、城市组团隔离带、水土保持林、水源涵养林等。其功能是对自然灾害和城市公害起到一定的防护或减弱作用，因此不宜兼作公园绿地使用。

（四）附属绿地

城市建设用地中绿地之外各类用地中的附属绿化用地，包括居住用地、公共设施用地、工业用地、仓储用地、对外交通用地、道路广场用地、市政设施用地和特殊用地中的绿地。由于附属绿地所属的用地性质不同，因此，其功能用途、规划设计与建设管理上有较大差异。

（1）居住绿地。城市居住用地内社区公园以外的绿地，包括组团绿地、宅旁绿地、配套公建绿地、小区道路绿地等。

（2）公共设施绿地。公共设施用地内的绿地。

（3）工业绿地。工业用地内的绿地。

（4）仓储绿地。仓储用地内的绿地。

（5）对外交通绿地。对外交通用地内的绿地。

（6）道路绿地。道路广场内的绿地，包括行道树绿带、分车绿带、交通岛绿带、交通广场和停车场绿地等。

（7）市政设施绿地。市政公用设施用地内的绿地。

（8）特殊绿地。特殊用地内的绿地。

（五）其他绿地

其他绿地是指位于城市建设用地以外生态、景观、旅游和娱乐条件较好或亟待改善的区域，一般是植被覆盖较好、山水地貌较好或应当改造好的区域。这类区域对城市居民休闲生活的影响较大，其功能有：①可以为本地居民的休闲生活服务；②为外地或外国人提供旅游观光服务；③一些优秀景观可以成为城市的景观标志。其主要功能偏重于生态环境保护、景观培育、建设控制、减灾防灾、观光旅游、郊游探险、自然和文化遗产保护等。

其他绿地不能替代或折扣成为城市建设用地中的绿地，它只能起到功能上的补充、景观上的丰富和空间上的延续等作用。

三、城市绿地规划

（一）城市绿地规划的原则

（1）城市绿地规划应结合城市其他各项用地的规划，综合考虑，全面安排。我国现有的耕地不多，城市用地紧张，因此在城市各项用地的布局方面，一方面，要合理选择绿化用地，使园林绿地更好地发挥改善气候、净化空气、战备抗灾、美化生活环境等作用；另一方面，要注意少占良田，在满足植物生长条件的基础上，尽量利用荒地、山冈、低洼地和不宜建筑的破碎地形等布置绿化。

绿地在城市中的布局要与工业区布局、居住区详细规划、公共建筑分布、道路系统规划密切配合、协作。如在工业区和居住区布局时，就要考虑卫生防护需要的隔离林带布置。在河湖水系规划时，就考虑水源涵养林带及城市通风绿带，或开辟滨水公共绿地。在居住区规划中，就要考虑居住区、小区及游园的均匀分布，以及宅旁庭园绿化布置的可能性。在公共建筑、住宅群布置时，就要考虑到绿化空间对街景变化、城市轮廓线、"对景"的作用，把绿地有机地组织进建筑群中去。

（2）城市绿地规划必须结合当地特点，因地制宜，从实际出发。我国地域辽阔、幅员广大、地区性强，各城市的自然条件差异很大。同时，城市的现状条件、绿化基础、性质特点、规模范围也各不相同，即使在同一城市中，各区的条件也不同。所以，各类绿地的选择、布置方式、面积大小、定额指标的高低，要从实际的需要和可能出发来编制规划，切忌生搬硬套，单纯追求某一种形式、某些指标，致使事倍功半，甚至事与愿违。有的城市从外地引进了大量不适合当地自然条件的树种，因生长不良，纷纷淘汰，只能重新培育乡土树种，致使城市面貌长期不能得到改善。对于名胜古迹多、自然山水条件好的城市，公共绿地面积就会大些；北方城市风沙大，就必须设立防护带；夏季气候炎热的城市，就要考虑通风降温作用的林带；而老城市，建筑密集，空地少，市内绿地面积不足，绿化条件差，需要充分利用建筑区的边角地、道路两旁的空地，设置街头小游园、绿带、绿岛等，使其星罗棋布地分散在旧市区，既创造了居民日常游憩的场地，也美化了旧城面貌，天津是这方面成功的范例。

（3）城市园林绿地应均衡分布，比例合理，满足全市居民休憩游览的要求。我国多数城市的市级公园绿地，除特大和大城市外，一般都只有两个左右，当然很难做到均匀分布，但区级公园及居住区游园，就要满足均匀分布的要求。

（4）城市绿地规划既要有远景的目标，也要有近期的安排，做到远近结合。规划中要充分研究城市远期发展的规模，人民生活水平逐步提高的要求，制定出远景的发展目标，同时还要照顾到由近及远的过渡措施。如对于建筑密集、环境较差、人口密度高的地区，应相应结合旧城改造留出适当的绿化保留用地，到时机成熟，即可迁出居民，拆迁建筑，开辟为公共绿地。在远期规划为公园的地段内，近期可作为苗圃，起到控制用地的作用。如哈尔滨动物园、上海植物园，就是由原苗圃改造而成的。我国许多城市具有相当数量的名胜古迹和近代革命历史遗址，在绿地规划中，就须使风景名胜、文物古迹的保护工作与园林绿地的建设结合起来，努力发掘，积极恢复，妥善保护，充分利用。

（5）城市园林景观绿地规划与建设、经营管理，要在发挥其综合功能的前提下，注意结合生产，为社会创造物质财富。

在满足休憩游览、保护环境、美化市容、备战防灾功能的同时，应因地制宜地种些果树以及芳香、药材、用材、油料等有经济价值的植物，利用水面养鱼种藕，增加经济效益，在经营管理上，要分清主次，合理安排。

（二）城市绿地系统的布局

城市绿地的布局有八种基本模式。结合我国的城市绿地系统的特点，从形式上可以归纳为下列四种。

1. 块状绿地布局

此类绿地布局方式，可以做到均匀分布，接近居民，但对构成城市整体艺术面貌作用不大，对改善城市小气候也不显著，多出现在旧城改建中，目前我国多数城市属此，如上海、天津、武汉、大连、青岛等。

2. 带状绿地分布

利用河湖水系、城市道路、旧城墙等因素，形成纵横向绿带、放射状绿带与环状绿带交织的绿地网。带状绿地布局容易表现城市的艺术面貌，如南京、西安、苏州、哈尔滨等。

3. 楔形绿地布局

凡城市中由郊区伸入市中心的由宽到狭的绿地，称为模型绿地，如合肥市，一般都是利用起伏地形、放射干道等结合市郊农田、防护林布置。对于改善城市气候显著，也有利于城市艺术面貌的表现。

4. 混合式绿地布局

是前三种形式的综合运用。可以做到城市绿地点、线、面结合，组成较完整的体系。可以使生活居住区获得最大的绿地接触面，方便居民游憩，有利于小气候的改善，有利于城市环境卫生条件的改善，有利于丰富城市总体与部分的艺术面貌。

以上四种布局中，以混合式最好。但由于我国目前大多数城市的绿地定额少，绿化覆盖率低，真正做到绿地组成"有机系统"的还很少，这是需要今后努力的。

（三） 城市绿地布局的目的与要求

城市园林的群体化、系统化，不仅表现在面积的增加，也表现在具有明确的目的性，即：满足全市居民方便游览休憩的要求；满足城市生活及生产活动安全的要求；满足工业生产防护的要求；满足城市艺术面貌的要求。城市绿地布局怎样才算"系统"，总的目标是要保持城市生态系统的平衡，其基本要求是以下四个互相联系缺一不可的条件。

1. 布局合理

按照城市道路及水系规划，开辟纵横分布于全市的带状绿地，把各级各类绿地联系起来，相互衔接，组成连绵不断的绿地网。

2. 指标先进

城市绿地指标不仅要分出近期与远期的，还要分出各类绿地的指标，才可避免某些虚假现象。

3. 质量良好

城市绿地分类不仅要多样化，以满足城市生活与生产活动的需要，还要有丰富的植物配植形式、较高的园艺水平，充实的文化内容，完善的服务设施。

4. 环境改善

在居住区与工业区之间要设置卫生隔离林带及防风林带，起到保护与改善环境的作用。

随着社会的进步，经济的增长，观念的更新，城市在发展，城市的绿地布局也发生变化，这变化表现在从单个园林和为少数人服务发展到群体园林和为整个城市的需要服务，绿地布局的出发点也站在了人与生物圈关系的高度，从城市生态系统原理来要求。这个变化也反映了人类文明的进步和科学技术的发展。

第四节　专项用地景观设计

一、工业企业景观规划

工厂绿化可分为工厂内局部环境绿化、道路绿化、厂前区绿化、周边绿化以及工厂与居住区之间的防护性绿地。由各部分绿化组成工厂绿化的整体。

（一）厂前区绿化设计

厂前区在一定程度上代表着工厂的形象，体现工厂的面貌，同时也是工厂文明生产的象征。厂前区是职工上下班集散的场所，也是客户的首到之处，常常给人以第一印象；厂前区常与城市道路相临，其环境好坏直接影响到市容市貌。厂前区在工厂中的位置一般在上风方向，离污染源比较远，受污染的程度比较小，工程管网也比较少，并且多数设有行政办公等非生产性建筑，这些都为厂前区的绿化设计提供了有利条件，同时也对园林绿化设计提出了较高的要求。厂前区的绿化可由厂门、道路、集散广场、旗杆、雕塑、水池、花坛、林荫道、各种花木等组成。

（二）工厂道路绿化

厂区道路是厂区绿化的重要组成部分，它反映工厂的绿化面貌和特色，是职工接触最多的绿地形式，是厂内绿化体系中线的形式，厂区内道路绿化应在道路设计中统一考虑和布置，与道路两侧的建筑物、构筑物、各种地上地下管线、道路、人行道协调布置。由于工厂的特点，厂区道路绿化有以下特点和要求。

（1）满足厂内道路运输的安全视距的要求。为了保证行车安全，在道路交叉点或转弯处不得种植影响司机视线的各种植物，一般为两边14m的45°角等腰三角形区域内（车速以25km/h计）。

（2）处理好与各种地上、地下管线的关系。使绿化与管线相互配合，既不影响美观也不相互干扰。

（3）满足夏季对遮阴、冬季对阳光的要求。一般在道路两旁各种一行落叶乔木，形成行列式的林荫道，以满足遮阴和形式美的要求。如受条件限制只能在道路一侧种植树木时，则尽可能在南北向道路的西侧或东西向道路的南侧种植，以达到遮阴的效果。

（4）合理选择树种。根据各类工厂的不同性质及污染情况选择有抗性的树种。同时要考虑树种的树干定干高度、分枝点及分枝角度、车辆承载货位高度、树木距车行道的距离，以免树木枝叶影响交通。树种的定干高度一般应不小于3~4m。当树木距车行道较远，且树木分枝角度又小时，其树枝的定干高度可适当降低，但不宜小于2m，以免影响行人通行。

（5）确定合理密度。行道树种植的疏密程度，直接影响到绿化效果，合理的株距应以树种正常生长至中年期的尺度来衡量，并让树冠相接而不交叉过多来确定。中等体量的落叶乔木以4~5m，高大乔木以7~8m为宜。为尽快发挥绿化效果，在植树初期，株距可适当缩小，待树冠达到成年期时，再进行移植或开发。

（6）确定树种比例。厂区绿化要有近期、远期考虑。短期与中长期效果应全面考虑。因此，速生树种与慢生树种应全面考虑。要考虑季节性问题、常绿树与落叶树的比例，乔木、灌木、地被植物和草坪及绿地景观构成的比例关系均应有全面的安排。

（7）对空气污染严重的企业。道路绿化不宜种植成片过密过高的林带，避免高密林带通风不畅，而对污浊气流形成滞留作用不宜扩散，种植方式应以疏林草地为好。

（8）道路两旁的绿化。应考虑能够遮挡行车时扬起的灰尘及噪声等作用。

（9）道路行道树树种的选择。要选择具备耐修剪、抗性强、易成活、便于管理、落叶整齐、主干挺直、冠大荫浓等条件。

（9）特殊要求。在生产有特殊要求的工厂，还应满足生产对树种的特殊要求。如精密仪器类工厂，不要用飘毛、飘絮的树种；防火要求高的工厂，不要用油脂性高的树种等。

（10）设置绿化带。在条件较好的厂区，车行道与人行道之间可设置绿化带，绿化带采用落叶大乔木与灌木混交种植，即可防尘、防噪、遮阴，又可分隔人流与车流，还有利于冬季日照。

（三）卫生防护绿地的结构形式及绿化设计

工业企业的卫生防护绿地主要作用是滞滤粉尘、净化空气吸收有毒气体、减轻污染，以有利于工业企业周围的农业生产和改善居住环境。因此，结合不同企业的特点，应该选择不同的乡土树种、树种结合形式和合理的结构形式及位置布置卫生防护林，以发挥其最佳作用。防护林的结构形式通常有以下几种：

1. 通透结构

一般由乔木组成，不配置灌木。乔木株行距因所选树种而异，一般为3m，气流一部分从下层树干之间穿过，一部分从上面绕过去。在树高7倍处，风速降低为原风速的28%，在52倍树高处，恢复原来风速。此种结构形式可在距污染源较近处使用。

2．半通透结构

一般以乔木为主，在林带两侧配置灌木，气流一部分从空隙中穿过，在背风林边缘附近形成小旋涡，另一部分从树冠上部绕过，在背风林处形成弱风。

3．紧密结构

由大乔木、小乔木和灌木多种树木配植而成，防护效果好。气流遇林带后上升，由林冠上绕过，使气流上升扩散，在背风处急剧下降，形成涡流，有利于有害气体的扩散和稀释。

4．复合式结构

当有足够宽度的防护地带时，将上述三种形式结合起来，形成复合式结构，更能发挥其净化空气减少污染的作用。一般在近工厂的一侧建立通透结构，近居住区的一侧采用紧密结构中间部分采用半通透结构，这样形成的由通透结构—半通透结构—紧密结构组成的复合式结构卫生防护效果最佳。

（四）工厂生产区的绿化布置

工厂生产区的绿化因各类工厂生产区在生产性质、规模、内容和生产特点上的差异而不同，可将工厂生产区分为三类。

1．对环境有污染车间的绿化

产生有害气体、粉尘、烟尘、噪声等污染物的车间，对环境影响严重，要求绿化植物能防烟、防尘、防毒。具体要求如下：

（1）在有严重污染的车间周围，不宜设置成休憩绿地，休憩性绿地应远离污染严重的地区。

（2）在产生强烈噪声的车间周围，应选择枝叶茂密、树冠矮、分枝点低的乔灌木，多层次密植以形成隔音带，减轻噪声对环境的影响。

（3）在多粉尘的生产车间周围，应密植滞尘、抗尘能力强、叶面粗糙、有黏液分泌的树种。

（4）在高温生产车间，工人长时间处于高温中，容易疲劳，应在车间周围设置有良好绿化环境的休息场所，改善劳动条件是十分必要的，休息场地要有良好的遮阴和通风。色彩以清爽淡雅为宜，可设置水池、座椅等小品供职工休息、调节精神、消除疲劳。

（5）对有防火防爆要求的生产车间周围应栽种枝叶水分含量大，遇火燃烧不出火焰的少油脂树种，不得栽植针叶树等油脂较多的松、柏类植物。

2. 一般生产车间周围的绿化

一般性生产车间指本身对环境无有害物质污染，在卫生防护方面对周围环境也无特殊要求的车间。车间周围环境的绿化较为自由，限制性不大。在厂区绿化统一规划下，各车间应体现各自不同的特点。考虑职工工作之余休息的需要，在用地条件允许的情况下，可设计成游园的形式，布置座椅、花坛、水池、花架等园林小品，形成良好的休息环境，在车间出入口可进行重点的装饰性布置。植物的选择及布置应考虑本车间的生产特点，以便做出与工作环境不同的绿化设计方案，调节人的视觉环境。

3. 要求洁净程度较高的车间环境绿化

这类车间生产的产品主要有食品、精密仪器、光学仪器、工艺品等。这些空间周围空气质量直接影响产品质量和设备的寿命。其环境设计要求清洁、防尘、降温、美观，有良好的通风和采光。因此，植物应选择无飞絮、无花粉、无飞毛、不易生病虫害、不落叶（常绿阔叶树或针叶树）或落叶整齐、枝叶茂密、生长健壮、吸附空气中粉尘的能力强的植物。同时注意低矮的地被和草坪的应用，固土并减少扬尘。在有污染物排出的车间或建筑物朝盛行风向一侧或主要交通路线旁边应设密植的防护绿地进行隔离，以减少有害气体、噪声、尘土等的侵袭。

（五）工厂休息性绿地

工厂企业根据厂区内的立地条件，厂区规划要因地制宜地开辟小游园，满足职工工作之余休息、放松、消除疲劳、锻炼、聊天、观赏的需要，对提高劳动生产率、保证安全生产、开展职工业余文化娱乐活动有重要意义，对美化厂容厂貌有着重要的作用。

休息性绿地应选择在职工休息易于到达的场地，如有自然地形可以利用则更好。以便于创造优美自然的园林艺术空间，通过对各种观赏植物、园林建筑及小品、道路、铺装、水池、座椅等的合理组织与安排，形成优美自然的园林环境。

厂区内的休息性游园面积一般都不大，布局形式可采用规则式、自由式、混合式。根据休息性绿地的用地条件（地形地貌）、平面形状、使用性质、职工人流来向、周围建筑布局等灵活采用。

二、城市街道、广场景观规划

（一）城市道路绿化设计

1. 城市道路绿化的作用

城市道路是一个城市的构成骨架，城市道路绿化对城市面貌起重要的作用，同时对调节道路附近地区的湿度、温度，降低风速、减少噪声等都有很好的作用，在一定程度上可改善城市道路的小气候，所以道路绿化是城市园林绿化的重要组成部分。

2. 城市道路绿化设计要点

按照国家规范和总规原则划定道路红线，并在规范内确保绿带的"绿线"。城市入口的铁路、公路大都在城乡接合部，应通过规划手段将铁路、公路两侧的人行道及护坡绿地划进道路红线范围内以利实施。在道路通过地区根据地形地貌规划边坡绿地、台阶式绿地、滨河绿地及水域绿地等。

3. 城市道路绿化植物配置

根据道路功能、走向、红线宽度、沿街建筑特点、交通状况，以及当地气候、风向等条件，因地制宜地将乔木、灌木、草皮、花卉等组合成各种形式的绿化。按道路功能、艺术要求及林荫道本身用地宽度的不同，林荫道可设计成单道式、复道式、花园式三种形式。行道树树种要选择冠大、荫浓、适应性较强、耐修剪、树干直，分枝高度 3~5m 以上的常绿树种，种植时不要因绿化妨碍行人和车行的视线，分隔带上的绿化高度不宜超过 0.65~0.7m。在交叉路口视距三角形范围内，不能布置高度>0.7m 的绿化丛。北方城市冬季植物对阳光的需求较大，可采取不对称式配置，日晒较少的一侧少用或不用大乔木，适当多用灌木、草地、花卉等。

4. 道路小游园的绿化设计

道路小游园是在城市道路旁供居民短时间游憩用的小块绿地，又称道路休息绿地或道路花园等。道路小游园面积有几百平方米，或几十平方米到 1hm² 不等，这类绿地布置比较灵活，不拘形式。在人行道的一侧有一定面积，均可开辟为街头绿地，根据用地面积大小、位置及其功能，可分为"装饰性绿地"和可供游人活动的"街头休息绿地"。它可增添城市绿地面积，补充城市绿地的不足，可为附近居民创造就近休息和活动的场所。

（1）道路小游园的主要内容

道路小游园以植物种植为主，可用树层、树群、花坛、草坪灯，使乔灌木、常绿落叶互相配合，有层次，有变化。设立若干个出口。并在出口规划集散广场，园内设置散步小路，有主次路区别。可设立建筑小品，如亭廊、花架、宣传廊、园灯、水池、喷泉、假山、座椅等，丰富游园内容和景观。

（2）道路小游园的规划方式

道路小游园绿地大多地势平坦或略有地形起伏，面积大小不一，形状不同（方形、长方形、三角形、多边形等），在布置上可分为以下几种：

①规则对称式

有明显的中轴线规律的几何图形，此种形式的外观上比较容易与道路、建筑区的协调。但也易受一定约束，有时为了几何对称，而在功能上考虑欠合理。

②规则不对称形式

此种形式整齐而不对称，可根据功能组成不同的空间，但有均衡的效果。

③自然式布局形式

没有明显的轴线，结合地形，创造出自然的环境。

④混合式布局形式

规则与自然式相结合的一种形式，运用比较灵活，布置不受限制，内容也比较丰富，这种形式多以面积比较大时采用，可组织成几个空间。

（二）城市广场绿化设计

城市广场是城市道路交通体系中具有多种功能的空间，是人们政治、文化活动的中心，也是公建集中的地方。城市广场按其功能、用途及在城市交通系统中所处的位置可分为三类。

1. 集会游行广场

城市中的市中心广场、区中心广场上大多布置公共建筑，平时为城市交通服务，同时也供旅游及一般活动，需要时可进行集会游行。这类广场有足够的面积，并可合理地组织交通，与城市干道相连，满足人流集散需要，但不可通行货运交通。可在广场的另侧布置辅助交通网，使之不影响集会游行等活动。如北京天安门广场、上海人民广场、昆明市广场和苏联莫斯科红场等，均可供群众集会游行和节日联欢之用。这类广场一般设置较少绿地，以免妨碍交通和破坏广场的完整性。在主席台、观礼台的周围，可重点设置常绿树。节日时，可点缀花卉。为了与广场气氛相协调，一般以整形式为主，在广场周围道路两侧可布置行道树组织交通，保证广场上的车辆和行人互不干扰、畅通无阻。广场还应有足够的停车面积和行人活动空间，其绿化特点是一般沿周边种植。为了组织交通，可在广场上设绿地，种植草坪、花坛、装饰广场，形成交通岛的作用，但行人一般不得入内。

2. 交通广场

一般是指环形交叉口和桥头广场。设在几条交通干道的交叉上，主要为组织交通用，也可装饰街景。在种植设计上，必须服从交通安全的条件，绝对不可阻碍驾驶人员的视线，所以多用矮生植物点缀中心岛，如广州的海珠广场。在这类广场上可种花草、绿篱、低矮灌木或点缀一些常绿针叶树，要求树形整齐，四季常青，在冬季也有较好的绿化效果；同时也可以设置喷泉、雕塑等。交通广场一般不允许入内，但也有起街心花园作用的形式。

3．商业广场

当代交通拥挤，采取人车分流手段，以步行商业广场和步行商业街的形式及各种集市露天广场形式为多。

第五节　建筑庭园绿化设计

建筑庭园绿化造景是一门综合的艺术。在景观设计时除了满足庭园功能，给人们观赏、休闲、运动等提供方便外，还必须具有景观上的美，从而使小小的庭园画中有画，景中有景，咫尺千里，余味无穷。

一、庭园绿化的重要性

庭园绿化是城市绿化建设的重要组成部分，在绿化分类中居于单位附属绿地，涉及面广、量大。这类绿地对发展经济、引进外资、吸引人才、开发资源、服务于城市对外开放、改善城市面貌、治理污染、净化空气、调节温度、吸附灰尘、减少噪声、陶冶情操、增进人们身心健康，进一步激发工作和学习的热情，起到不可忽视的作用。更重要的是绿化工作好不好，反映了一个单位的文化素质，文明程度的高低和精神面貌，还在改善生态环境等方面都具有重要的意义。

二、庭园绿化设计理念

（一）庭园造景有如画家绘画，有法而无定式

同一景象画家可用不同的笔法来表现，不同的园林设计人员也可用不同的构思设计。我国的古典园林和现代庭园绿化造景具有独特的立意，只要做到"虽由人作，宛自天开"的意境，并满足人们赏景、休憩、交流的需要，使人在其中自由活动、得到身心放松，就可称之为优秀园林或优秀庭园。但是，庭园绿化造景不可忽视"动观"和"静观"的景色搭配，一般情形下，庭园应以"静观"为主，"动观"为辅；在相对较大的庭园中，则以"动观"为主，"静观"为辅，多些对景、障景、添景等手法的应用，使庭园景观更加丰富、更有观赏价值。"静观"通常指设计人员有意识地安排视线范围内的主景、配景、

前景、中景和远景，尽可能促使景象向纵、横两个方面发展；"动观"则是通过人们的行走路线，把不同的景观组成连续的景观序列，随着人们的移步，景色也不断地发生变化，这也是人们常说的"步移景异"的含义。在现代庭园造景中，植物造景是一个重要的课题。如庭园中各类植物高低搭配、色彩的配置、质感等。笔者认为，庭园造景中的植物比较重要，应以突出群体美、力促植物景观与建筑景观等周围环境有机统一为宜。

具体到庭园植物景观配置，还应注意以下几点：

（1）重视植物多样性。自然界植物千奇百态，丰富多彩，本身具有很好的观赏价值。

（2）布局合理，疏落有致，单群结合。自然界植物并不都是群生的，也有孤生的。园林植物配置就有孤植、列植、片植、群植、混植多种方式。这样不仅欣赏孤植树的风姿，也可欣赏到群植树的华美。

（3）注意不同庭园植物形态和色彩的合理搭配。园林植物的配置应根据地形地貌配植不同形态色彩的植物，而且相互之间不能造成视角上的抵触，也不能与其他园林建筑及园林小品在视角上相抵触。

（4）注意庭园植物自身的文化性与周围环境相融合。如岁寒三友松、竹、梅在许多文人雅士私家园林中很得益，但松、柏则多栽于陵园中。

总之，庭园植物配置在遵循生态学原理为基础的同时，还应结合遵循美学原理。但应遵循"先生态，后景观"的原则，换句话说，师法自然是前提，胜于自然是从属。另外庭园植物配置还可以根据需要结合经济性、文化性、知识性等内容，扩大庭园植物功能的内涵和外延，充分发挥其综合功能，服务于人类。

（二）庭园是以植物造景为主体、体现以人为本、充满文化艺术气息的境地

庭园造景是包括植物造景、山水建筑、园林小品等在内的结合体，都要按照科学和艺术的原则，采用我国传统造园的手法来组织和构建，使之成为自然和美的景观。在庭园造景设计上，注意"动观"和"静观"的结合，空间开合有序，宜透则透，宜闭则闭，视线相对通透。另外，还要以适量的色叶植物、花灌木、竹子进行造景，配以浓郁的地方风韵，古朴的亭、台、廊、榭作为前景、中景和远景，再设计一些蜿蜒的小径贯穿庭园，免使庭园造景呆板或闭塞的感觉，具有纵深感，并给人一种意境的联想。庭园造景的设计，在命名、楹联、摆设等方面都具有深厚的文化内涵，还丰富了庭园景观的内容。同时设计还需要空间和内容上的相互照应、调整，并使之协调互补发展，提高庭园总体的造园艺术，也使庭园更具有诗情画意的意境。除此，还要继承发扬我国优秀的景园传统文化，注重结合反映地方民俗，如浓郁地方特色的雕塑、石刻、木刻、盆景、喷泉、假山等，透过整个庭园景观来体现地方特色。

三、庭园绿化的要素

（一）要因地制宜，选择适当的植物材料，做到适地适树

搞好庭园绿化，要因地制宜，选择抗旱、抗烟尘、抗毒、抗盐碱等适应性较强的树种。如唐山市大型炼焦制气厂、百年以上的开滦唐山矿、陡河发电总厂及南堡大型盐场、河北省第一劳改总队等单位，选择了雄性毛白杨、雄性垂柳、国槐、白蜡、椿树等乡土树种及西府海棠、樱花等花木进行栽植，绿化效果较好，既净化了空气，又改善了厂容、厂貌和生产环境。

（二）要见缝插绿

在城市建筑密集，寸土难寻的情况下，要见缝插绿，寸土必争，利用一切可以绿化的地方，充分利用墙边、墙面，大上藤本（凌霄、中国地锦等）植物，有条件的单位，还可以采取屋顶绿化，在不能栽植物的地段，可用盆花进行摆放，达到处处有绿，三季有花的效果。

（三）要与单位的环境结合起来

庭园绿化，要与本单位的环境结合起来，与庭园周围环境相协调，做到简洁明快，环境优雅，给人以美的感受，尽量采用各种绿色植物进行绿化。也可适当做一点植物造型，使整个庭园置身于大自然的怀抱之中。

第六章 园林景观中的建筑与小品设计

第一节 园林建筑的含义特点与构图原则

一、园林建筑的含义与特点

（一）园林与园林建筑

园林是指在一定的地域运用工程技术和艺术手段，通过改造地形（或进一步筑山、叠石、理水）、种植树木花草、营造建筑和布置园路等途径创作而成的自然环境和游憩境域。一般来说，园林的规模有大有小，内容有繁有简，但都包含着四种基本的要素，即土地、水体、植物和建筑。其中，土地和水体是园林的地貌基础，土地包括平地、坡地、山地，水体包括河、湖、溪、涧、池、沼、瀑、泉等。天然的山水需要加工、修饰、整理，人工开辟的山水讲究造型，还需要解决许多工程问题。因此，筑山和理水就逐渐发展成为造园的专门技艺。植物栽培最先是以生产和实用为目的，随着园艺科技的发展才有了大量供观赏之用的树木和花卉。现代园林中，植物已成为园林的主角，植物材料在园林中的地位就更加突出了。上述三种要素都是自然要素，具有典型的自然特征。在造园中必须遵循自然规律，才能充分发挥其应有的作用。

园林建筑是指在园林中具有造景功能，同时又能供人游览、观赏、休憩的各类建筑物。在中国古代的皇家园林、私家园林和寺观园林中，建筑物占了很大比重，其类别很多，变化丰富，积累着中国建筑的传统艺术及地方风格，匠心巧构，在世界上享有盛名。现代园林中建筑所占的比重需要大量地减少，但对各类建筑的单体仍要仔细观察和研究它的功能、艺术效果、位置、比例关系，与四周的环境协调统一等。无论是古代园林，还是现代园林，通常都把建筑作为园林景区或景点的"眉目"来对待，建筑在园林中往往起到了画龙点睛的重要作用。所以常常在关键之处，置以建筑作为点景的精华。园林建筑是构成园林诸要素中唯一的经人工提炼，又与人工相结合的产物，能够充分表现人的创造和智慧，体现园林意境，并使景物更为典型和突出。建筑在园林中就是人工创造的具体表现，适宜的建筑不仅使园林增色，并更使园林富有诗意。由于园林建筑是由人工创造出来的，比起土地、水体、植物来，人工的味道更浓，受到自然条件的约束更少。建筑的多少、大小、式样、色彩等处理，对园林风格的影响很大。一个园林的创作，是要幽静、淡雅的山林、田园风格，还是要艳丽、豪华的趣味，也主要决定于建筑淡妆与浓抹的不同处理。园林建筑是由于园林的存在而存在的，没有园林与风景，就根本谈不上园林建筑这一种建筑类型。

（二）园林建筑的功能

一般说来，园林建筑大都具有使用和景观创造两个方面的作用。

就使用方面而言，它们可以是具有特定使用功能的展览馆、影剧院、观赏温室、动物兽舍等；也可以是具备一般使用功能的休憩类建筑，如亭、榭、厅、轩等；还可以是供交通之用的桥、廊、花架、道路等；此外，还有一些特殊的工程设施，如水坝、水闸等。

园林建筑的功能主要表现在它对园林景观创造方面所起的积极作用，这种作用可以概括为下列四个方面：

1. 点景

即点缀风景。园林建筑与山水、植物等要素相结合而构成园林中的许多风景画面，有宜于就近观赏的，有适于远眺的。在一般情况下，园林建筑常作为这些风景画面的重点和主景，没有这座建筑也就不成其为"景"，更谈不上园林的美景了。重要的建筑物往往作为园林的一定范围内甚至整座园林的构景中心，例如北京北海公园中的白塔、颐和园中的佛香阁等都是园林的构景中心，整个园林的风格在一定程度上也取决于建筑的风格。

2. 观景

即观赏风景。以一幢建筑物或一组建筑群作为观赏园内景观的场所；它的位置、朝向、封闭或开敞的处理往往取决于得景的佳否，即是否能够使得观赏者在视野范围内摄取到最佳的风景画面。在这种情况下，大至建筑群的组合布局，小到门窗、洞口或由细部所构成的"框景"都可以利用作为剪裁风景画面的手段。

3. 范围空间

即利用建筑物围合成一系列的庭院，或者以建筑为主，辅以山石植物，将园林划分为若干空间层次。

4. 组织游览路线

以园林中的道路结合建筑物的穿插、"对景"和障隔，创造一种步移景异、具有导向性的游动观赏效果。

通常，园林建筑的外观形象与平面布局除了满足和反映特殊的功能性质之外，还要受到园林选景的制约。往往在某些情况下，甚至首先服从园林景观设计的需要。在做具体设计的时候，需要把它们的功能与它们对园林景观应该起的作用恰当地结合起来。

（三）园林建筑的特点

园林建筑与其他建筑类型相比较，具有其明显的特征，主要表现为：

（1）园林建筑十分重视总体布局，既主次分明，轴线明确，又高低错落，自由穿插。既要满足使用功能的要求，又要满足景观创造的要求。

（2）园林建筑是一种与园林环境及自然景观充分结合的建筑。因此，在基址选择上，要因地制宜，巧于利用自然又融于自然之中。将建筑空间与自然空间融成和谐的整体，优秀的园林建筑是空间组织和利用的经典之作。"小中见大""循环往复，以至无穷"是其他造园因素所无法与之相比的。

（3）强调造型美观是园林建筑的重要特色，在建筑的双重性中，有时园林建筑美观和艺术性，甚至要重于其使用功能。在重视造型美观的同时，还要极力追求意境的表达，要继承传统园林建筑中寓意深邃的意境。要探索、创新现代园林建筑中空间与环境的新意。

（4）小型园林建筑因小巧灵活，富于变化，常不受模式的制约，这就为设计者带来更多的艺术发挥的余地，真可谓无规可循，构园无格。

（5）园林建筑色彩明朗，装饰精巧。在中国古典园林中，建筑有着鲜明的色彩。北京古典园林建筑色彩鲜艳，南方宅第园林则色彩淡雅。现代园林建筑其色彩多以轻快、明朗为主，力求表现园林建筑轻巧、活泼、简洁、明快的性格。在装饰方面，不论古今园林建筑都以精巧的装饰取胜，建筑上善于应用各种门洞、漏窗、花格、隔断、空廊等，构成精巧的装饰，尤其将山石、植物等引入建筑，使装饰更为生动，成为建筑上得景的画面。因此，通过建筑的装饰增加园林建筑本身的美，更主要是通过装饰手段使建筑与景致取得更密切的联系。

二、园林建筑的构图原则

建筑构图必须服务于建筑的基本目的，即为人们建造美好的生活和居住的使用空间，这种空间是建筑功能与工程技术和艺术技巧结合的产物，都需要符合适用、经济、美观的基本原则，在艺术构图方法上也都要考虑诸如统一、变化、尺度、比例、均衡、对比等原则。然而，由于园林建筑与其他建筑类型在物质和精神功能方面有许多不同之处，因此，在构图方法上就与其他类型的建筑有所差异，有时在某些方面表现得更为突出，这正是园林建筑本身的特征。园林建筑构图原则概括起来有以下几个方面：

（一）统一

园林建筑中各个组成部分，其体形、体量、色彩、线条、风格具有一定程度的相似性或一致性，给人以统一感。可产生整齐、庄严、肃穆的感觉；与此同时，为了克服呆板、单调之感，应力求在统一之中有变化。

在园林建筑设计中，大可不必为搞不成多样的变化而担心，即用不着惦记组合成所必需的各种不同要素的数量，园林建筑的各种功能会自发形成多样化的局面，当要把园林建筑设计得能够满足各种功能要求时，建筑本身的复杂性势必会演变成形式的多样化，甚至一些功能要求很简单的设计，也可能需要一大堆各不相同的结构要素。因此，一个园林建筑设计师的首要任务就应该是把那些势在难免的多样化组成引人入胜的统一。园林建筑设计中获得统一的方式有：

1. 形式统一

颐和园的建筑物，都是按当时的《清式营造则例》中规定的法式建造的。木结构、琉璃瓦、油漆彩画等，均表现出传统的民族形式，但各种亭、台、楼、阁的体形、体量、功能等，都有十分丰富的变化，给人的感觉是既多样又有形式的统一感。除园林建筑形式统一之外，在总体布局上也要求形式上的统一。

2. 材料统一

园林中非生物性的布景材料，以及由这些材料形成的各类建筑及小品，也要求统一。例如同一座园林中的指路牌、灯柱、宣传画廊、座椅、栏杆、花架等，常常是具有机能和美学的双重功能，点缀在园内制作的材料都需要是统一的。

3. 明确轴线

建筑构图中常运用轴线来安排各组成部分间的主次关系。轴线可强调位置，主要部分安排在主轴上，从属部分则在轴线的两侧或周围。轴线可使各组成部分形成整体，这时等量的二元体若没有轴线则难以构成统一的整体。

4. 突出主体

同等的体量难以突出主体，利用差异作为衬托，才能强调主体，可利用体量大小的差异、高低的差异来衬托主体，由三段体的组合可看出利用衬托以突出主体的效果。在空间的组织上，也同样可以用大小空间的差异与衬托来突出主体。通常，以高大的体量突出主体，是一种极有成效的手法，尤其在有复杂的局部组成中，只有高大的主体才能统一全局，如颐和园的佛香阁。

（二）对比

在建筑构图中利用一些因素（如色彩、体量、质感）一定程度上的差异来取得艺术上的表现效果。差异程度显著的表现称为对比。对比使人们对造型艺术品产生深刻的和强烈的印象。对比使人们对物体的认识得到夸张，它可以对形象的大小、长短、明暗等起到夸张作用。在建筑构图中常用对比取得不同的空间感、尺度感或某种艺术上的表现效果。

1. 大小对比

一个大的体量在几个较小体量的衬托下，大的会显得更大，小的则更显小。因此，在建筑构图中常用若干较小的体量来与一个较大的体量进行对比，以突出主体，强调重点。在纪念性建筑中常用这种手法取得雄伟的效果。如广州烈士陵园南门两侧小门与中央大门形成的对比。

2. 方向的对比

方向的对比同样得到夸张的效果。在建筑的空间组合和立面处理中，常常用垂直与水平方向的对比以丰富建筑形象。常用垂直上的体形与横向展开的体形组合在一座建筑中，以求体量上不同方向的夸张。

横线条与直线条的对比，可使立面划分更丰富。但对比应恰当，不恰当的对比即表现为不协调。

3. 虚实的对比

建筑形象中的虚实，常常是指实墙与空洞（门、窗、空廊）的对比。在纪念性建筑中常用虚实对比造成严肃的气氛。有些建筑由于功能要求形成大片实墙，但艺术效果上又不需要强调实墙面的特点，则常加以空廊或做质地处理，以虚实对比的方法打破实墙的沉重与闭塞感。实墙面上的光影，也造成虚实对比的效果。

4. 明暗的对比

在建筑的布局中可以通过空间疏密、开朗与闭锁的有序变化，形成空间在光影、明暗方面产生的对比，使空间明中有暗，暗中有明，引人入胜。

5. 色彩的对比

色彩的对比主要是指色相对比，色相对比是指两个相对的补色为对比色，如红与绿、黄与紫等。或指色度对比，即颜色深浅程度的对比。在建筑中色彩的对比，不一定要找对比色，而只要色彩差异明显的即有对比的效果。中国古典建筑色彩对比极为强烈，如红柱与绿栏杆的对比，黄屋顶与红墙、白台基的对比。此外，不同的材料质感的应用也构成良好的对比效果。

（三）均衡

在视觉艺术中，均衡是任何现实对象中都存在的特性，均衡中心两边的视觉趣味中心，分量是相当的。由均衡所造成的审美方面的满足，似乎和眼睛"浏览"整个物体时的动作特点有关。假如眼睛从一边向另一边看去，觉得左右两半的吸引力是一样的，人的注意力就会像摆钟一样来回游荡，最后停在两极中间的一点上。如果把这个均衡中心有力地加以标定，以致使眼睛能满意地在上面停息下来，这就在观者的心目中产生了一种健康而平静的瞬间。

由此可见，具有良好均衡性的艺术品，必须在均衡中心予以某种强调。或者说，只有容易察觉的均衡才能令人满足。建筑构图应当遵循这一自然法则。建筑物的均衡，关键在于有明确的均衡中心（或中轴线），如何确定均衡中心，并加以适当的强调，这是构图的关键。均衡有两种类型：对称均衡与不对称均衡。

1. 对称均衡

在这类均衡中，建筑物对称轴线的两旁是完全一样的，只要把均衡中心以某种巧妙的手法来加以强调，立刻给人一种安定的均衡感。

2. 不对称均衡

不对称均衡要比对称均衡的构图更需要强调均衡中心，要在均衡中心加上一个有力的"强音"。另外，也可利用杠杆的平衡原理，一个远离均衡中心、意义上较为次要的小物体，可以用靠近均衡中心、意义上较为重要的大物体来加以平衡。均衡不仅表现在立面上，而且在平面布局上、形体组合上都应加以注意。

（四）韵律

在视觉艺术中，韵律是任何物体的诸元素的成系统重复的一种属性，而这些元素之间具有可以认识的关系。在建筑构图中，这种重复当然一定是由建筑设计所引起的视觉可见元素的重复。如光线和阴影，不同的色彩、支柱、开洞及室内容积等，一个建筑物的大部分效果，就是依靠这些韵律关系的协调性、简洁性以及威力感来取得的。园林中的走廊以柱子有规律的重复形成强烈的韵律感。

建筑构图中韵律的类型大致有：

1. 连续韵律

连续韵律是指在建筑构图中由于一种或几种组成部分的连续重复排列而产生的一种韵

律。连续韵律可做多种组合：

(1) 距离相等、形式相同，如柱列；或距离相等、形状不同，如园林展窗。

(2) 不同形式交替出现的韵律：如立面上窗、柱、花饰等的交替出现。

(3) 上、下层不同的变化而形成韵律，并有互相对比与衬托的效果。

2. 渐变韵律

在建筑构图中其变化规则在某一方面做有规律的递增或做有规律的递减所形成的规律。如中国塔是典型的向上递减的渐变韵律。

3. 交错韵律

在建筑构图中，各组成部分有规律地纵横穿插或交错产生的韵律。其变化规律按纵横两个方向或多个方向发展，因而是一种较复杂的韵律，花格图案上常出现这种韵律。

韵律可以是不确定的、开放式的；也可以是确定的、封闭式的。只把类似的单元做等距离的重复，没有一定的开头和一定的结尾，这叫作开放式韵律。在建筑构图中，开放式韵律的效果是动荡不定的，含有某种不限定和骚动的感觉。通常在圆形或椭圆形建筑构图中，处理成连续而有规律的韵律是十分恰当的。

(五) 比例

比例是各个组成部分在尺度上的相互关系及其与整体的关系。建筑物的比例包含两方面的意义：一方面，是指整体上（或局部构件）的长、宽、高之间的关系；另一方面，是指建筑物整体与局部（或局部与局部）之间的大小关系。园林建筑推敲比例与其他类型的建筑有所不同，一般建筑类型只须推敲房屋内部空间和外部体形从整体到局部的比例关系，而园林建筑除了房屋本身的比例外，园林环境中的水、树、石等各种景物，因须人工处理也存在推敲其形状、比例问题。不仅如此，为了整体环境的谐调，还特别需要重点推敲房屋和水、树、石等景物之间的比例谐调关系。影响建筑比例的因素有：

1. 建筑材料

古埃及用条石建造宫殿，跨度受石材的限制，所以廊柱的间距很小；以后用砖结构建造拱券形式的房屋，室内空间很小而墙很厚；用木结构的长远年代中屋顶的变化才逐渐丰富起来；近代混凝土的崛起，一扫过去的许多局限性，突破了几千年的老框框，园林建筑也为之丰富多彩，造型上的比例关系也得到了解放。

2. 建筑的功能与目的

为了表现雄伟，建造宫殿、寺庙、教堂、纪念堂等都常常采取大的比例，某些部分可能超出人的生活尺度要求。借以表现建筑的崇高而令人景仰，这是功能的需要远离了生活的尺度。这种效果以后又被利用到公共建筑、政治性建筑、娱乐性建筑和商业性建筑性，以达到各种不同的目的。

3. 建筑艺术传统和风俗习惯

如中国廊柱的排列与西洋的就不相同，它具有不同的比例关系。江南一带古典园林建筑造型式样轻盈清秀是与木构架用材纤细，如细长的柱子、轻薄的屋顶、高翘的屋角、纤细的门窗栏杆细部纹样等在处理上采用一种较小的比例关系分不开的。同样，粗大的木构架用材，如较粗壮的柱子、厚重的屋顶、低缓的屋角起翘和较粗实的门窗栏杆细部纹样等采用了较大的比例，因而构成了北方皇家园林浑厚端庄的造型式样及其豪华的气势。

现代园林建筑在材料结构上已有很大发展，以钢、钢筋混凝土、砖石结构为骨架的建筑物的可塑性很大，非特别情况不必去抄袭模仿古代的建筑比例和式样，而应有新的创造。在其中，如能适当蕴含一些民族传统的建筑比例韵味，取得神似的效果，亦将会别开生面。

4. 周围环境

园林建筑环境中的水、树姿、石态优美与否是与它们本身的造型比例，以及它们与建筑物的组合关系紧密相关的，同时它们受人们主观审美要求的影响。水本无形，形成于周界，或溪或池，或涌泉或飞瀑，因势而别；树木有形，树种繁多，或高直或低平，或粗壮对称，或袅娜斜探，姿态万千；山石亦然，或峰或峦，或峭壁或石矶，形态各异。这些景物本属天然，但在人工园林建筑环境中，在形态上究竟采取何种比例为宜，则决定于与建筑在配合上的需要；而在自然风景区则情形相反，是以建筑物配合山水、树石为前提。在强调端庄气氛的厅堂建筑前宜取方正规则比例的水池组成水院；强调轻松活泼气氛的庭院，则宜曲折随意地组织池岸，亦可仿曲溪构泉瀑，但须与建筑物在高低、大小、位置上配合谐调。树石设置，或孤植、群植，或散布、堆叠，都应根据建筑画面构图的需要认真推敲其造型比例。

（六）尺度

和比例密切相关的另一个建筑特性是尺度。在建筑学中，尺度这一特性能使建筑物呈现出恰当的或预期的某种尺寸，这是一个独特的似乎是建筑物本能上所要求的特性。人们都乐于接受大型建筑或重点建筑的巨大尺寸和壮丽场面，也都喜欢小型住宅亲切宜人的特点。寓于物体尺寸中的美感，是一般人都能意识到的性质，在人类发展的早期，对此就已经有所觉察。所以，当人们看到一座建筑物尺寸和实际应有尺寸完全是两码事的时候，人们本能地会感到扫兴或迷惑不解。

因此，一个好的建筑要有好的尺度，但好的尺度不是唾手可得的，而是一件需要苦心经营的事情，并且，在设计者的头脑里对尺度的考虑必须支配设计的全过程。要使建筑物有尺度，必须把某个单位引到设计中去，使之产生尺度，这个引入单位的作用，就好像一个可见的标杆，它的尺寸，人们可简易、自然和本能地判断出来。与建筑整体相比，如果这个单位看起来比较小，建筑就会显得大；若是看起来比较大，整体就会显得小。

人体自身是度量建筑物的真正尺度，也就是说，建筑的尺寸感，能在人体尺寸或人体动作尺寸的体会中最终分析清楚。因此，常用的建筑构件必须符合人们的使用要求而具有特定的标准，如栏杆、窗台为 1m 高左右，踏步为 15cm 左右，门窗为 2m 左右，这些构件的尺寸一般是固定的，因此，可作为衡量建筑物大小的尺度。

尺度与比例之间的关系是十分密切的。良好的比例常根据人的使用尺寸的大小所形成，而正确的尺度感则是由各部分的比例关系显示出来的。

园林建筑构图中尺度把握的正确与否，其标准并非绝对，但要想取得比较理想的亲切尺度，可采用以下方法：

1. 缩小建筑构件的尺寸，取得与自然景物的谐调

中国古典园林中的游廊，多采用小尺度的做法，廊子宽度一般在 1.5m 左右，高度伸手可及横楣，坐凳栏杆低矮，游人步入其中备感亲切。在建筑庭园中还常借助小尺度的游廊烘托突出较大尺度的厅、堂之类的主体建筑，并通过这样的尺度来取得更为生动活泼的谐调效果。要使建筑物和自然景物尺度谐调，还可以把建筑物的某些构件如柱子、屋面、基座、踏步等直接用自然山石、树枝、树皮等来替代，使建筑与自然景物得以相互交融。四川青城山有许多用原木、树枝、树皮构筑的亭、廊，与自然景色十分贴切，尺度效果亦佳。现代一些高层大体量的旅馆建筑，亦多采用园林建筑的设计手法，在底层穿插布置一些亭、廊、榭、桥等，用以缩小观景的视野范围，使建筑和自然景物之间互为衬托，从而获得室外空间亲切宜人的尺度。

2. 控制园林建筑室外空间尺度，避免削弱景观效果

这方面，主要与人的视觉规律有关：一般情况，在各主要视点赏景的控制视角为 60°~90°，或视角比值 H：D（H 为景观对象的高度，在园林建筑中不只限于建筑物的高度，还包括构成画面中的树木、山丘等配景的高度，D 为视点与景观对象之间的距离）约在 1：1 至 1：3 之间。若在庭院空间中各个主要视点观景，所得的视角比值都大于 1：1，则将在心理上产生紧迫和闭塞的感觉。如果小于 1：3，这样的空间又将产生散漫和空旷的感觉。一些优秀的古典庭园，如苏州的网师园、北京颐和园中的谐趣园、北海画舫斋等的庭院空间尺度基本上都是符合这些视觉规律的。故宫乾隆花园以堆山为主的两个庭院，四周

为大体量的建筑所围绕，在小面积的庭院中堆砌的假山过满过高，致使处于庭院下方的观景视角偏大，给人以闭塞的感觉，而当人们登上假山赏景的时候，却因这时景观视角的改变，不仅觉得亭子尺度适宜，而且整个上部庭院的空间尺度也显得亲切，不再有紧迫压抑的感觉。

以上讨论的问题是如何把建筑物或空间做得比它的实际尺寸明显地小些；与此相反，在某些情况下，则需要将建筑物或空间做得比它的实际尺寸明显大些。也就是试图使一个建筑物显得尽可能地大。欲达此目的，办法就是加大建筑物的尺度，一般可采用适当放大建筑物部分构件的尺寸来达到，以突出其特点，即采用夸张的尺度来处理建筑物的一些引人注目的部位，给人们留下深刻的印象。例如古代匠师为了适应不同尺度和建筑性格的要求，房屋整体构造有大式和小式的不同做法。为了加大亭子的面积和高度，增大其体量，可采用重檐的形式，以免单纯按比例放大亭子的尺寸造成粗笨的感觉。

（七）色彩

色彩的处理与园林空间的艺术感染力有密切的关系。形、声、色、香是园林建筑艺术意境中的重要因素，其中形与色范围更广，影响也较大，在园林建筑空间中，无论建筑物、山、石、水体、植物等主要都以其形、色动人。园林建筑风格的主要特征大多也表现在形和色两个方面。中国传统园林建筑以木结构为主，但南方风格体态轻盈，色泽淡雅；北方则造型浑厚，色泽华丽。现代园林建筑采用玻璃、钢材和各种新型建筑装饰材料，造型简洁，色泽明快，引起了建筑形、色的重大变化，建筑风格正以新的面貌出现。

园林建筑的色彩与材料的质感有着密切的联系。色彩有冷暖、浓淡的差别，色的感情和联想及其象征的作用可给人以各种不同的感受。质感则主要表现在景物外形的纹理和质地两个方面。纹理有直曲、宽窄、深浅之分；质地有粗细、刚柔、隐显之别。质感虽不如色彩能给人多种情感上的联想、象征，但它可以加强某些情调上的气氛。色彩和质感是建筑材料表现上的双重属性，两者相辅共存，只要善于去发现各种材料在色彩、质感上的特点，并利用韵律、对比、均衡等各种构图变化，就有可能获得良好的艺术效果。

运用色彩与质地来提高园林建筑的艺术效果，是园林建筑设计中常用的手法，在应用时应注意下面一些问题：

1. 注重自然景物的谐调关系

作为空间环境设计，园林建筑对色彩和质感的处理除考虑建筑物外，各种自然景物相互之间的谐调关系也必须同时进行推敲，应该使组成空间的各要素形成有机的整体，以利提高空间整体的艺术质量和效果。

2. 处理色彩质感的方法

处理色彩质感的方法，主要是通过对比或微差取得谐调，突出重点，以提高艺术的表现力。

（1）对比

色彩、质感的对比与前面所讲的大小、方向、虚实、明暗等各个方面的处理手法所遵循的原则基本上是一致的。在具体组景中，各种对比方法经常是综合运用的，只在少数的情况下根据不同条件才有所侧重。在风景区布置点景建筑，如果突出建筑物，除了选择合适的地形方位和塑造优美的建筑空间体形外，建筑物的色彩最好采用与树丛山石等具有明显对比的颜色。如要表达富丽堂皇、端庄华贵的气氛，建筑物可选用暖色调高彩度的琉璃瓦、门、窗、柱子，使得与冷色调的山石、植物取得良好的对比效果。

（2）微差

所谓微差是指空间的组成要素之间表现出更多的相同性，并使其不同性对比之下可以忽略不计时所具有的差异。园林建筑中的艺术情趣是多种多样的，为了强调亲切、宁静、雅致和朴素的艺术气氛，多采用微差的手法取得和谐协调突出艺术意境。如成都杜甫草堂、望江亭公园、青城山风景区和广州兰圃公园的一些亭子、茶室，采用竹柱、草顶或墙、柱以树枝、树皮建造，使建筑物的色彩与质感和自然中的山石、树丛尽量一致。经过这样的处理，艺术气氛显得异常古朴、清雅、自然，耐人寻味，这些都是利用微差手法达到谐调效果的典型事例。园林建筑设计，不仅单体可用上述处理手法，其他建筑小品如踏步、坐凳、园灯、栏杆等，也同样可以仿造自然的山与植物以与环境相谐调。

（3）考虑色彩与质感的时候，视线距离的影响因素应予注意

对于色彩效果，视线距离越远，空间中彼此接近的颜色因空气尘埃的影响就越容易变成灰色调；而对比强烈的色彩，其中暖色相对会显得愈加鲜明。在质感方面则不同，距离越近，质感对比越显强烈，但随着距离的增大，质感对比的效果也随之逐渐减弱。例如，太湖石是具有透、漏、瘦特点的一种质地光洁呈灰白色的山石，因其玲珑多姿，造型奇特，适宜散置近观，或用在小型庭园空间中筑砌山岩洞穴，如果纹理脉络通顺，堆砌得体，尺度适宜，景致必然十分动人；但若用在大型庭园空间中堆砌大体量的崖岭峰峦，将在视线较远时，由于看不清山形脉络，不仅达不到气势雄伟的景观效果，反而会给人以虚假和矫揉造作的感觉，若以尺度较大、体形方正的黄石或青石堆山，则显得更为自然逼真。

此外，建筑物墙面质感的处理也要考虑视线距离的远近，选用材料的品种和决定分格线条的宽窄和深度。如果视点很远，墙面无论是用大理石、水磨石、水刷石、普通水泥色

浆，只要色彩一样，其效果不会有多大区别；但是，随着视线距离的缩短，材料的不同，以及分格嵌缝宽度、深度大小不同的质感效果就会显现出来。

以上是对园林建筑构图中所遵循的一些原则进行的简单介绍和分析，实际上艺术创作不应受各种条条框框限制，就像画家可以在画框内任意挥毫泼墨，雕塑家在转台前可以随意加减，艺术家的形象思维驰骋千里本无拘束。这里所谓"原则"只不过是总结前人在园林和园林建筑设计中所取得的艺术成果，找出一点规律性的东西，以供读者创作或评议时提出点滴的线索而已。切不可被这些"原则"给束缚住了手脚，那样的话，便事与愿违了。

第二节　园林建筑的空间处理

在园林建筑设计中，为了丰富对于空间的美感，往往需要采用一系列的空间处理手法，创造出大中见小、小中见大、虚中有实、实中有虚、或藏或露、或浅或深的富有艺术感染力的园林建筑空间。与此同时，还须运用巧妙的布局形式将这些有趣的空间组合成为一个有机的整体，以便向人们展示出一个合理有序的园林建筑空间序列。

一、空间的概念

人们的一切活动都是在一定的空间范围内进行的。其中，建筑空间（包括室内空间、建筑围成的室外空间，以及两者之间的过渡空间）给予人们的影响和感受最直接、最经常、最重要。

人们从事建造活动，花力气最多、花钱最多的地方是在建筑物的实体方面：基础、墙垣、屋顶等，但是人们真正需要的却是这些实体的反面，即实体所范围起来的"空"的部分，即所谓"建筑空间"。因此，现代建筑师都把空间的塑造作为建筑创作的重点来看待。

人类对建筑空间的追求并不是什么新的课题，而是人类按自身的需求，不断地征服自然、创造性地进行社会实践的结果。从原始人定居的山洞、搭建最简易的窝棚到现代建筑空间，经历了漫长的发展历程，而推动建筑空间不断发展、不断创新的，除了社会的进步、新技术和新材料的出现，给创作提供了的可能性外，最重要的、最根本的就是人们不断发展、不断变化着的对建筑空间的需求。人与世界接触，因关系及层次的不同而有着不同的境界，人们就要求创造出各种不同的建筑空间去适应不同境界的需要：人为了满足自身生理和心理的需要而建立起私密性较强、具有安全感的建筑空间；为满足家庭生活的伦理境界，而建造起了住宅、公寓；为适应宗教信仰的境界而建造起寺观、教堂；为适应政治境界而建造官邸、宫殿、政治大厦；为适应彼此的交流与沟通的需要而建造商店、剧院、学校……园林建筑空间是人们在追求与大自然的接触和交往中所创造的一种空间形式，它有其自身的特性和境界，人类的社会生活越发展，建筑空间的形式也必然会越丰富，越多样。

中国和西方在建筑空间的发展过程中，曾走过两条相当不同的道路。西方古代石结构体系的建筑，成团块状地集中为一体，墙壁厚厚的，窗洞小小的，建筑的跨度受到石料的限制而内部空间较小，建筑艺术加工的重点自然放到了"实"的部位。建筑和雕塑总是结合为一体，追求一种雕塑性的美，因此人们的注意力也自然地集中到了所触及的外表形式和装饰艺术上。后来发展了拱券结构，建筑空间得到了很大程度的解放，于是建造起了像罗马的万神庙、公共浴场、哥德式的教堂，以及有一系列内部空间层次的公共建筑物，建筑的空间艺术有了很大发展，内部空间尤其发达，但仍未突破厚重实体的外框。

中国传统的木构架建筑，由于受到木材及结构本身的限制，内部的建筑空间一般比较简单，单体建筑比较定型。布局上，总是把各种不同用途的房间分解为若干幢单体建筑，每幢单体建筑都有其特定的功能与一定的"身份"，以及与这个"身份"相适应的位置，然后以庭院为中心，以廊子和墙为纽带把它们联系为一个整体。因此，就发展成了以"四合院"为基本单元形式的、成纵横向水平铺开的群体组合。庭院空间成为建筑内部空间的一种必要补充，内部空间与外部空间的有机结合成为建筑规划设计的主要内容。建筑艺术处理的重点，不仅表现在建筑结构本身的美化、建筑的造型及少量的附加装饰上，而且更加强调建筑空间的艺术效果，更精心地追求一种稳定的空间序列层次发展所获得的总体感受。中国古代的住宅、寺庙、宫殿等，大体都是如此。中国的园林建筑空间，为追求与自然山水相结合的意趣，把建筑与自然环境更紧密地配合，因而更加曲折变化、丰富多彩。

由此可见，除了建筑材料与结构形式上的原因外，由于中国与西方人对空间概念的认识不同，即形成两种截然不同的空间处理方式，产生了代表两种不同价值观念的建筑空间形式。

二、空间的处理手法

（一）空间的对比

为创造丰富变化的园景和给人以某种视觉上的感受，中国园林建筑的空间组织，经常采用对比的手法。在不同的景区之间，两个相邻而内容又不尽相同的空间之间，一个建筑组群中的主、次空间之间，都常形成空间上的对比。其中主要包括：空间大小的对比，空间虚实的对比，次要空间与主要空间的对比，幽深空间与开阔空间的对比，空间形体上的对比，建筑空间与自然空间的对比等。

1. 空间大小的对比

将两个显著不同的空间相连接，由小空间进入大空间便衬得后者更为阔大的做法，是园林空间处理中为突出主要空间而经常运用的一种手法。这种小空间可以是低矮的游廊、小的亭、榭，不大的小院，一个以树木、山石、墙垣所环绕的小空间，其位置一般处于大空间的边界地带，以敞口对着大空间，取得空间的连通和较大的进深。当人们处于任何一种空间环境中时，总习惯于寻找到一个适合于自己的恰当的"位置"，在园林环境中，游廊、亭轩的坐凳，树荫覆盖下的一块草坪，靠近叠石、墙垣的座椅，都是人们乐于停留的地方。人们愿意从一个小空间中去看大空间，愿意从一个安定的、受到庇护的小环境中去观赏大空间中动态的、变化着的景物。因此，园林中布置在周边的小空间，不仅衬托和突出了主体空间，给人以空间变化丰富的感受，而且也很适合于人们在游赏中心理上的需要，因此这些小空间常成为园林建筑空间处理中比较精彩的部分。

空间大小对比的效果是相对的，它是通过大小空间的转换，在瞬时产生大小强烈的对比，会使那些本来不太大的空间显得特别开阔。例如苏州古典园林中的留园、网师园等利用空间大小强烈对比而获得小中见大的艺术效果，就是典型的范例。

2. 空间形状的对比

园林建筑空间形状对比，一是单体建筑的形状对比，二是建筑围合的庭院空间的形状对比。形状对比主要表现在平、立面形式上的区别。方和圆、高直与低平、规则与自由，在设计时都可以利用这些空间形状上互相对立的因素来取得构图上的变化和突出重点。

从视觉心理上说，规矩方正的单体建筑和庭园空间易于形成庄严的气氛；而比较自由的形式，如三角形、六边形、圆形和自由弧线组合的平、立面形式，则易形成活泼的气氛。同样，对称布局的空间容易给人以庄严的印象；而不对称布局的空间则多为一种活泼的感受。庄严或活泼，主要取决于功能和艺术意境的需要。传统私家园林，主人日常生活的庭院多取规矩方正的形状，憩息玩赏的庭院则多取自由形式。从前者转入后者时，由于空间形状对比的变化，艺术气氛突变而倍增情趣。形状对比需要有明确的主从关系，一般情况主要靠体量大小的不同来解决。如北海公园里的白塔和紧贴前面的重檐琉璃佛殿，体量上的大与小、形状上的圆与方、色彩上的洁白与重彩、线条上的细腻与粗犷，对比都很强烈，艺术效果极佳。

3. 建筑与自然景物的对比

在园林建筑设计中，严整规则的建筑物与形态万千的自然景物之间包含着形、色、质感种种对比因素，可以通过对比突出构图重点获得景效。建筑与自然景物的对比，也要有主有从，或以自然景物烘托突出建筑，或以建筑烘托突出自然景物，使两者结合成谐调的整体。风景区的亭榭空间环境，建筑是主体，四周自然景物是陪衬，亭、榭起点景作用。有些用建筑物围合的庭院空间环境，池沼、山石、树丛、花木等自然景物是赏景的兴趣中心，建筑物反而成了烘托自然景物的屏壁或背景。

园林建筑空间在大小、形状、明暗、虚实等方面的对比手法，经常互相结合，交叉运用，使空间有变化，有层次，有深度，使建筑空间与自然空间有很好的结合与过渡，以达到园林建筑实用与造景两方面的基本要求。

（二）空间的渗透

在园林建筑空间处理时，为了避免单调并获得空间的变化，常常采用空间相互渗透的方法。人们观赏景色，如果空间毫无分隔和层次，则无论空间有多大，都会因为一览无余而感到单调乏味；相反，置身于层次丰富的较小空间中，如果布局得体能获得众多美好的画面，则会使人在目不暇接的视觉感受过程中忘却空间的大小限制。因此，处理好空间的相互渗透，可以突破有限空间的局限性取得大中见小或小中见大的变化效果，从而得以增强艺术的感染力。如中国古代有许多名园，占地面积和总的空间体积并不大，但因能巧妙使用空间渗透的处理手法，造成比实用空间要广大得多的错觉，给人的印象是深刻的。处理空间渗透的方法概括起来有以下两种：

1. 相邻空间的渗透

这种方法主要是利用门、窗、洞口、空廊等作为相邻空间的联系媒介，使空间彼此渗透，增添空间层次。在渗透运用上主要有以下手法：对景，流动框景，利用空廊互相渗透和利用曲折、错落变化增添空间层次。

（1）对景

指在特定的视点，通过门、窗、洞口，从一空间眺望另一空间的特定景色。对景能否起到引人入胜的诱导作用与对景景物的选择和处理有密切关系，所组成的景色画面构图必须完整优美。视点、门、窗、洞口和景物之间为一固定的直线联系，形成的画面基本上是固定的，可以利用窗、洞口的形状和式样来加强画面的装饰性效果。门、窗、洞口的式样繁多，采用何种式样和大小尺寸应服从艺术意境的需要，切忌公式化随便套用。此外，不仅要注意"景框"的造型轮廓，还要注意尺度的大小，推敲它们与景色对象之间的距离和方位，使之在主要视点位置上能获得最理想的画面。

（2）流动景框

指人们在流动中通过连续变化的"景框"观景，从而获得多种变化着的画面，取得扩大空间的艺术效果。在陆地上由于建筑物不能流动，要达到这种观赏目的，只能在人流活动的路线上，通过设置一系列不同形状的门、窗、洞口去摄取"景框"外的各种不同画面。

（3）利用空廊互相渗透

廊子不仅在功能上能够起交通联系的作用，也可以作为分隔建筑空间的重要手段。用空廊分隔空间可以使两个相邻空间通过互相渗透把对方空间的景色吸收进来以丰富画面，增添空间层次和取得交错变化的效果。如广州白云宾馆底层庭院面积不大，但在水池中部增添了一段紧贴水面的桥廊，把它分隔为两个不同组景特色的水庭，通过空廊的互相借景，增添了空间的层次，取得了似分似合、若即若离的艺术情趣。用廊子分隔空间形成渗透效果，要注意推敲视点的位置、透视角度以及廊子的尺度及其造型的处理。

（4）利用曲折、错落变化增添空间层次

在园林建筑空间组合中常常采用高低起伏的曲廊、折墙、曲桥、弯曲的池岸等手法来化大为小分隔空间，增添空间的渗透与层次。同样，在整体空间布局上也常把各种建筑物和园林环境加以曲折错落布置，以求获得丰富的空间层次和变化。特别是一些由各种厅、堂、榭、楼、院单体建筑围合的庭院空间处理上，如果缺少曲折错落则无论空间多大，都势必造成单调乏味的弊病。错落变化时不可为曲折而曲折，为错落而错落，必须以在功能上合理、在视觉景观上能获得优美画面和高雅情趣为前提。为此，设计时需要认真仔细推敲曲折的方位角度和错落的距离、高度尺寸。

在中国古典园林建筑中巧妙利用曲折错落的变化以增添空间层次，取得良好艺术效果的例子有：苏州网师园的主庭院、拙政园中的小沧浪和倒影楼水院；杭州三潭印月；北方皇家园林中的避暑山庄万壑松风、天宇咸畅；北京北海公园白塔南山建筑群、静心斋；颐和园佛香阁建筑群、画中游、谐趣园等。

2. 室内外空间的渗透

建筑空间室内室外的划分是由传统的房屋概念形成的。所谓室内空间一般指具有顶、墙、地面围护的室内部空间而言，在它之外的称作室外空间。通常的建筑，空间的利用重在室内，但园林建筑，室内外空间都很重要。在创造统一和谐的环境角度上，它的含义也不尽相同，甚至没有区分它们的必要。按照一般概念，在以建筑物围合的庭院空间布局中，中心的露天庭院与四周的厅、廊、亭、榭，前者一般被视为室外空间，后者被视为室内空间；但从更大的范围看，也可以把这些厅、廊、亭、榭视如围合单一空间的门、窗、墙面一样的手段。用它们来围合庭院空间，亦即是形成一个更大规模的半封闭（没有顶）的"室内"空间。而"室外"空间相应是庭院以外的空间了。同理，还可以把由建筑组群围合的整个园内空间视为"室内"空间,而把园外空间视为"室外"空间。

扩大室内外空间的含义,目的在于说明所有的建筑空间都是采用一定手段围合起来的有限空间,室内室外是相对而言的,处理空间渗透的时候,可以把"室外"空间引入"室内",或者把"室内"空间扩大到"室外"。在处理室内外空间的渗透时,既可以采用门、窗、洞口等"景框"手段,把邻近空间的景色间接地引入室内,也可以采取把室外的景物直接引入室内,或把室内景物延伸到室外的办法来取得变化,使园林与建筑能交相穿插,融合成为有机的整体。例如,北京北海公园濠濮涧的空间处理是一个优良的范例,其建筑本身的平面布局并不奇特,但通过建筑物亭、榭、廊、桥曲折的错落变化,以及对室外空间的精心安排,诸如叠石堆山、引水筑池、绿化栽植等,使建筑和园林互相延伸、渗透,构成有机的整体,从而形成空间变化莫测、层次丰富、和谐完整、艺术格调很高的一组建筑空间。

第三节　园林小品的含义与分类

一、园林小品的定义

园林小品是园林中供休憩、装饰、照明、展示及为园林管理和方便游人之用的小型建筑设施,一般设有内部空间,体量小巧,造型别致。园林小品既能美化环境、丰富园趣,为游人提供休憩和公共活动的方便,又能使游人从中获得美的感受和良好的教益。

二、园林小品的功能

(一)造景功能(美化功能)

园林景观小品具有较强的造型艺术性和观赏价值,所以能在环境景观中发挥重要的艺术造景功能。在整体环境中,园林小品虽然体量不大,却往往起着画龙点睛的作用。

(二)使用功能(实用功能)

许多小品具有使用功能,可以直接满足人们的需要。如亭、廊、榭、椅凳等小品,可供人们休憩、纳凉和赏景;园灯可以提供夜间照明;儿童游乐设施小品可为儿童提供游戏、娱乐所使用。

（三）信息传达功能（标志区域特点）

一些园林小品还具有文化宣传教育的作用，如宣传廊、宣传牌可以向人们介绍各种文化知识以及进行法律法规教育等。道路标志牌可以给人提供有关城市及交通方位上的信息。优秀的小品具有特定区域的特征，是该地人文化历史、民风民情以及发展轨迹的反映。通过景观中的设施与小品可以提高区域的识别性。

（四）安全防护功能

一些园林小品具有安全防护功能，保证人们游览、休憩或活动时的人身安全和管理秩序，并强协调划分不同空间功能，如各种安全护栏、围墙、挡土墙等。

（五）提高整体环境品质功能

通过园林小品来表现景观主题，可以引起人们对环境和生态以及各种社会问题的关注，产生一定的社会文化意义，改良景观的生态环境，提高环境艺术品位和思想境界，提升整体环境品质。

三、景观小品的设计原则

（一）个体设计方面

景观小品作为三维的主题艺术塑造。它的个体设计十分重要。它是一个独立的物质实体，具有一定功能的艺术实体。在设计中运用时，一定牢记它的功能性、技术性和艺术性。掌握这三点才能设计塑造出最佳的景观小品。

1. 功能性

有些景观小品除了装饰性外，还具有一定的使用功能。景观小品是物质生活更加丰富后产生的新事物，必须适应城市发展的需要设计出符合功能需要的景观小品才是设计者的职责所在。

2. 技术性

设计是关键，技术是保障，只有良好的技术，才能把设计师的意图完整地表达出来。技术性必须做到合理地选用景观小品的建造材料，注意景观小品的尺寸和大小，为景观小品的施工提供有利依据。

3. 艺术性

艺术性是景观小品设计中较高层次的追求，有着一定的艺术内涵，应反映时代精神面貌，体现特定的历史时期的文化积淀。景观小品是立体的空间艺术塑造，要科学地应用现代材料、色彩等诸多因素，造成一个具有艺术特色和艺术个性的景观小品。

（二）和谐设计方面

景观环境中各元素应该相互照应、相互协调。每一种元素都应与环境相融。景观小品是环境综合设计的补充和点睛之笔，和谐设计十分必要。在设计中要注意以下几点要求：

1. 具有地方性色彩

地方性色彩是指要符合当地的气候条件、地形地貌、民俗风情等因素的表达方式，而景观小品正是体现这些因素的表达方式之一。因此合理地运用景观小品是景观设计中体现城市文化内涵的重点。

2. 考虑社会性需要

在现代社会中，优美的城市环境和优秀的景观小品具有很重要的社会效益。在设计时，要充分考虑社会的需要、城市的特点以及市民的需求，才会使景观小品实现其社会价值。

3. 注重生态环境的保护

景观小品一般多与水体、植物、山石等景观元素共同来造景，在体现景观小品自身功能外，不能破坏其周围的其他环境，使自然生态环境与社会生态环境得到最大的和谐改善。

4. 具有良好的景观性效果

景观小品的景观性包括两个方面：一方面是景观小品的造型、色彩等形成的个性装饰性；另一方面是景观小品与环境中其他元素共同形成的景观功能性。各种景观因素相互协调，搭配得体，互相衬托，才能使景观小品在景观环境中成为良好的设计因素。

（三）以人为本设计方面

园林小品作为环境景观中重要的一个因素，以人为本，充分考虑使用者、观赏者及各个层面的需要，时刻想着大众，处处为大众所服务。

1. 满足人们的行为需求

人是环境的主体，园林小品的服务对象是人，所以人的行为、习惯、性格、爱好等各种状态是园林小品设计的重要参考依据。尤其是公共设施的艺术设计，要以人为本，满足各种人群的需求，尤其是残障人士的需求，体现人文关怀。园林小品设计时还要考虑人的尺度,如座椅的高度、花坛的高度等。只有对这些因素有充分的了解,才能设计出真正符合人类需要的园林小品。

2. 满足人们的心理需求

园林小品的设计要考虑人类心理需求的空间,如私密性、舒适性等,比如座椅的布置方式会对人的行为产生什么样的影响、供几个人坐较为合适等。这些问题涉及对人们心理的考虑和适应。

3. 满足人们的审美要求

园林小品的设计首先应具有较高的视觉美感,必须符合美学原理和人们的审美需求。对其整体形态和局部形态、比例和造型、材料和色彩的美感进行合理的设计,从而形成内容健康、形式完美的园林景观小品。

4. 满足人们的文化认同感

一个成功的园林小品不仅具有艺术性,而且还应有深厚的文化内涵。通过园林小品可以反映它所处的时代精神面貌,体现特定的城市、特定历史时期的文化传统积淀。所以园林小品的设计要尽量满足文化的认同,使园林景观小品真正成为反映历史文化的媒体。园林小品设计与周围的环境和人的关系是多方面的。通俗一点说,如果把环境和人比喻为汤,那园林小品就是汤中之盐。所以园林小品的设计是功能、技术与艺术相结合的产物,要符合适用、坚固、经济、美观的要求。

四、园林小品的创作要求

园林小品的创作要满足以下几点要求:立其意趣,根据自然景观和人文风情,构思景点中的小品;合其体宜,选择合理的位置和布局,做到巧而得体,精而合宜;取其特色,充分反映建筑小品的特色,把它巧妙地融在园林造型之中;顺其自然,不破坏原有风貌,做到得景随形;求其因借,通过对自然景物形象的取舍,使造型简练的小品获得景象丰满充实的效应;饰其空间,充分利用建筑小品的灵活性、多样性以丰富园林空间;巧其点缀,把需要突出表现的景物强化出来,把影响景物的角落巧妙地转化成为游赏的对象;寻其对比,把两种明显差异的素材巧妙地结合起来,相互烘托,凸显双方的特点。

五、园林小品的分类

(一) 单一装饰类园林小品

装饰类园林小品作为一种艺术现象,是人类社会文明的产物,它的装饰性不仅表现在形式语言上，更表现了社会的艺术内涵，也就是人们对于装饰性园林艺术概念的理解和表现。

1. 设计要点

（1）特征

作为空间外环境装饰的一部分，装饰类园林小品具有精美、灵活和多样化的特点，凭借自身的艺术造型，结合人们的审美意识，激发起一种美的情趣。装饰类园林小品设计着重考虑其艺术造型和空间组合上的美感要求，使其新颖独特，千姿百态，具有很强的吸引力和装饰性能。

（2）设计要素

①立意

装饰类园林小品艺术化是外在的表现，立意则是内在的，使其有较高的艺术境界，寓情于景，情景交融。意境的塑造离不开小品设计的色彩、质地、造型等基本要素，通过这些要素的结合才能表达出一定的意境，营造环境氛围。同时还可以利用人的感官特征来表达某种意境，如通过小品中水流冲击材质的特殊声音来营造一定的自然情趣，或通过植物的自然芳香、季节转变带来的色彩变化营造生命的感悟等。这些在利用人的听觉、嗅觉、触觉、视觉的感悟中，营造的气氛更给人以深刻的印象，日本的小品就是利用这些要素来给环境塑造禅宗思想的。

②形象设计

a. 色彩

色彩具有鲜明的个性，有冷暖、浓淡之分，对颜色的联想及其象征作用可给人不同的感受。暖色调热烈，让人兴奋，冷色调优雅、明快；明朗的色调使人轻松愉快，灰暗的色调更为沉稳宁静。园林小品色彩处理得当，会使园林空间有很强的艺术表现力。如在休憩、私密的区域需要稳重、自然、随和的色彩，与环境相协调，容易给人自然、宁静、亲切的感受；以娱乐、休闲、商业为主的场地则可以选用色彩鲜明、醒目、欢快，容易让人感到兴奋的颜色。

b. 质地

现代小品的质地随着技术的提高，选择的范围越来越广，形式也越来越多样化，将小品的质地类型分为以下几类：

人工材料。包括塑料、不锈钢、混凝土、陶瓷、铸铁等。这些人工材料可塑性强，便于加工，制造效率高，并且色彩丰富，基本可以适应各种设计环境的要求。

天然材料。例如，木材的触感、质感好，热传导差，基本不受温度变化的影响，易于加工，但保存性、耐抗性差，容易损坏。而石材质地坚硬、触感冰凉，夏热冬凉，不宜加工，但耐久性强。天然材料淳朴、自然，可以塑造如地方特色、风土人情风格化的小品。

人工材料与天然材料结合。将人工材料和天然材料结合使用，特别是在植物造景上，别具一格。木材与混凝土、木材与铸铁等组合材料，这些材料多可以表达特殊的寓意，用材料的对比加强个性化、艺术思想的表达，另外在使用上可以互补两种材料的缺陷，综合两种材料的优点。

c. 造型

装饰类园林小品的造型更强调艺术装饰性，这类小品的造型设计很难用一定标准来规范，但仍然有一定的设计线索可以追寻，一般的艺术造型有具象和抽象两种基本形式，无论是平面化表达还是立面效果都是如此。无论是雕塑、构筑物还是植物都可以通过点、线、面和体的统一造型设计创造其独特的艺术装饰效果，同时造型的设计不能脱离意境的传达，要与周围环境统一考虑，塑造合理的外部艺术场景。

③与环境的关系

装饰小品要与周围环境相融合，可以体现地区特征，在场景中更具自身特点。在相应的地方安排布置小品，布局也要与场景关系相呼应，如在城市节点、边界、标志、功能区域内、道路等场地合理安排。例如我国传统园林中的亭子，因地制宜，巧妙地配置山石、水景、植物等，使其构成各具特色的空间。需要考虑的环境因素有：

a. 气候、地理因素

根据气候、地理位置不同所选择设计的小品也有差异，如材料的选取，遵循就地取材和耐用的原则，部分城市出现有远距离输送材料的现象，既不经济，材料又容易遭到不适宜的气候的破坏。这种做法不宜提倡。地区气候特征不同，色彩使用也有明显差异，如阴雨连绵的地区，多采用色彩鲜明、易于分辨、醒目的颜色，而干旱少雨的地区则使用接近自然、清爽的颜色，运用不易吸收太阳热能的材料，防止使人有眩晕、闷热的感觉。

b. 文化背景

以历史文脉为背景，提取素材可以营造浓郁的文化场景。小品的设计依据历史、传说、地方风俗等的形式为组成元素，塑造具有浓郁文化背景的小品。

2. 类别

（1）园林建筑小品

这类建筑小品大多形式多样，奇妙而独特，具有很强的艺术性和观赏性，同时也具备一定的使用功能，在园林中可谓是"风景的观赏，观赏的风景"。对园林景观的创造起着重要的作用。比如点缀风景、作为观赏景观、围合划分空间、组织游览路线等，包括入口、景门及景墙、花架、大体量构筑物等。

（2）园林植物小品

植物小品要突出植物的自身特点，起到美化装点环境的作用，它与一般的城市绿化植物不同。园林植物小品具有特定的设计内涵，经过一定的修剪、布置后赋予了场景一定的功能。植物是构园要素中唯一具有生命的，一年四季均能呈现出各种亮丽的色彩，表现出各种不同的形态，展现出无穷的艺术美。

设计可以用植物的色、香、形态作为造景主题，创造出生机盎然的画面，也可利用植物的不同特性和配置塑造具有不同情感的植物空间，如热烈欢快、淡雅宁静、简洁明快、轻松悠闲、疏朗开敞的意境空间。因此，设计时应从不同园林植物特有的观赏性去考虑园林植物配置，以便创造优美的风景。

园林植物小品的设计要注意以下两方面：一方面是各种植物相互之间的配置，考虑植物种类的选择，树丛的组合，平面和立面的构图、色彩、季相以及园林意境；另一方面是园林植物与其他园林要素如山石、水体、建筑、园路等相互之间的配置。

①植物单体人工造型

通过人工剪切、编扎、修剪等手法，塑造手工制作痕迹明显、具有艺术性的植物单体小品。这类小品具有较强的观赏性。

②植物与其他装饰元素相结合的造型

如与雕塑结合，与亭廊、花架结合，与建筑（墙体、窗户、门）结合。

③植物具有功能性造型

如具有围墙、大门、窗、亭、儿童游戏、阶梯、围合或界定空间等功能性形式。

（3）园林雕塑小品

雕塑雕塑小品是环境装饰艺术的重要构成要素之一，是历史文化的瑰宝，也是现代城市文明的重要标志。不论是城市广场、街头游园，还是公共建筑内外，都设置有形象生动、寓意深刻的雕塑。

装饰性景观雕塑是现在使用最为广泛的雕塑类型，它们在环境中虽不一定要表达鲜明的思想，但具有极强的装饰性和观赏性。雕塑作为环境景观主要的组成要素，非常强调环境视觉美感。

雕塑小品是环境中最常用也是运用最多的小品形式。随着环境景观类型的丰富，雕塑的类型也越来越多，无论是形态、功能、材料、色彩都更灵活、多样。主要可以分为以下几种类型：

①主题性、纪念性雕塑

通过雕塑在特定环境中提示某个或某些主题。主题性景观雕塑与环境的有机结合，可以弥补一般环境无法或不易具体表达某些思想的特点；或以雕塑的形式来纪念人与事，它在景观中处于中心或主导地位，起着控制和统帅全局的作用。形式可大可小，并无限制。

②传统风格雕塑

历来习惯使用的雕塑风格，沿袭传统固定的雕塑模式，有一定传统思想的渗入，特别是传统封建风俗中的人物或神兽等，多使用在建筑楼前。有的雕塑成为不可缺少的场地标志，如银行、商场前的石雕。

③体现时代特征的雕塑

雕塑融合现代艺术元素，体现前卫、现代化气息，多色彩艳丽、造型独特、不拘一格或生动幽默、寓意丰富。

④具风土民情的雕塑

传统、民族、地方特色的小品，以现代艺术形式为表达途径映射民族风情、地方文化。

（二）综合类园林小品

综合类园林小品是由多种设计元素组合而成的，在景观上形成相互呼应、统一的"亲缘关系"，在造型上内容丰富、功能多样，所处场景协调而具有内聚力。

1. 设计要点

（1）特征

综合类园林小品是利用小品的各种性能特征，综合起来形成复合性能更为突出、装饰效果更强大的一个小品类型。可以根据环境需要，将本是传统中的几种小品才能表达的装饰效果融合于一体，使场景空间更具内聚力，同时增强了小品的自身价值。综合类小品是现代景观发展中新兴的一类"小品家族"，这类小品甚至还结合了公共设施的使用需求，具有装饰和使用的多重性能。小品设计综合了艺术、科技、人性化等多种设计手法，体现着人类的智慧结晶。

（2）设计要素

①立意

小品设计的形式出现在人文生活环境之中，具有艺术审美价值，也是意识形态的表现，并在一定程度上成为再现和进一步提升人类艺术观念、意识和情感的重要手段；同时它与环境的结合更为密切，要求根据环境的特征和场景需要来设计小品的形态，体现小品各种恰到好处的复合性能。因此，该类小品的立意要与场景、主题一致。

②形象设计

造型上风格要求统一，在结构形式、色彩、材料以及工艺手段等方面与环境融合得当，具备一定的功能，体现场所的思想，有空间围合感，又与周围其他环境有所区别。综合类小品在形象设计风格上会受到不同程度的制约，必须在形式语言的多样化和合理性角度分析其存在的艺术价值，不同的形象设计可以塑造不同的场景特征。

③与环境的关系

综合类小品的具体表现形式受不同区域的建筑主体环境以及景观环境的影响及制约，譬如在某一特定的建筑主体环境、街道、社区和广场中，综合类小品必须在与这些特定功能环境相适应的基础上，巧妙处理各种制约因素，发挥其综合性能，使之与环境功能互为补充，提升其存在的价值。综合类小品的布置根据场地的性质变化，如场地的面积、空间大小、类型决定相应的组合关系，主要包括聚合、分散、对位等布置形式。

2. 类别

综合类园林小品的设计最能体现设计者的智慧，同时可以弥补场景功能、性质的局限性。例如，在生硬的环境隔离墙上绘制与环境功能及风格协调的图案，不仅保持了其划分空间功能的特点，更使其成为一件亮丽的景观小品。

（1）装饰与功能的重合

小品本身的性质已经模糊，特别是在人的参与下，装饰与功能重合，它既具备服务于场地的功能性同时又是不可忽视的作为展现场地独特个性、装点环境的艺术品。

（2）多种装饰类复合小品

多种装饰类复合小品是针对装饰性能的多重性而言的，包括采用多种装饰材料、装饰手法等组合，各种装饰性能融合于一体，独立形成的小品类型。

例如，构筑物中的廊架与水体、植物复合；山石与植物的复合；植物与雕塑的复合等。这些元素共同组合成多种装饰类复合小品，以强化场景的装饰性能，使其更生动、更形象地表达场景的特征。

小品在以装饰为主要功能的前提下，同时具有多功能性，具体表现在性能的复合上，在同一空间中小品造型丰富程度的提高导致场所具有多种功能特征。这类小品的出现往往与城市公共设施相结合，除了具有装饰效果外，同样具备了公共设施的功能特征，是现在小品发展的一个趋势。

（三）创新类园林小品

创新类园林小品是在现今已经成熟小品类型的基础上延伸出的时代产物，是伴随科学技术、社会精神文明的进步、人性化的发展而在城市环境景观中形成的一批具有独特魅力、全新功能和具有浓郁时代气息的小品。这类小品会随时代的演变、社会的接纳程度而退化或转化为成熟的小品类型，它自身具有追赶时代潮流的不稳定性。

1. 设计要点

（1）特征

创新小品是体现时代思想、潮流的一类新型小品，多通过小品传达新时代的科技、艺术、环保、生态等信息。创新类园林小品的个性化是建立在充分尊重建筑以及景观环境的整体特征基础之上的。

（2）设计要点

受限制因素少，更多的是利用新科技、新思想、新动向来服务于大众，或是以吸引大众的注意力为目的，甚至是为了表达某种思想而划定特定的区域来设计并集中安排此类小品。

①立意

设计立意要从大局观念入手，从整体景观理念塑造的高度去把握自身的独特性。此类小品多体现新潮思想，涵盖一定现代艺术、科技的成分。

由于此类小品融合了新思想、新技术，设计要求功能更为人性化，全面体现各方面可能存在的使用需求，突破传统观念的局限性，打造更为合理的小品形式。

②形象设计

这类小品常常具有强烈的色彩、夸张的造型特征。现代材料的应用，丰富的艺术内涵，独特的形象塑造，使得这类小品除了具有个性之外，还要求自身具有公共性。

③与环境的关系

创新类园林小品的特殊性与艺术性无疑是与建筑以及景观环境的功能和风格等因素分不开的。设计要求特定的小品形式对特定环境区域的整体设计能产生积极的推动作用。

2. 类别

（1）生态型

生态型小品的设计遵循改良环境、节约能源、就地取材、尊重自然地形、充分利用气候优势等原则。采取各种途径，尽可能地增加绿色空间。

目前生态型小品的设计，在国外有很好的发展趋势，特别是德国，通过利用废弃的材料更新加工利用，甚至直接利用废弃物来设计小品。例如，在废弃工厂兴建的公园，就直接将废弃铁轨、碎砖石等组合加工成造型独特新颖的小品出现在公园中，这不但不影响景观，还赋予公园自身的个性，同时保留了该场地的部分记忆，小品也成为生态设计的一种设计元素出现在公园当中。

（2）新艺术形态

小品作为一些艺术家的艺术思想、艺术形态在外空间的表达，无形中形成了环境景观的构成要素，成为环境中亮丽的奇葩，在园林景观中成了珍贵的不可多得的部分，起到了不可忽视的作用。即使在面对一个相对简单的材料中，也同样可以利用艺术的手法变化使其内容形式丰富起来，新艺术形态小品的出现，是一种思想的塑造、一种境界的营造或一种艺术概念的表达，小品具有时间和空间的特性。

（3）科技、科普型

充分体现智能化、人性化的思想，将新技术、新工艺融合到了小品设施中，达到最人性化的设计原则。将科技手法运用到小品中，除了体现科技的进步外，更多的是提高小品的人性化，如方便残疾人使用的电子导向器；在广场中的小品设施里设置能量转换器，将太阳能转换成热能，为冬天露天使用场地的人们提供取暖设施。

第四节　园林建筑小品设计

园林建筑小品是指园林中体量小巧、功能简单、造型别致、富有情趣、选址恰当的精美构筑物。园林建筑小品，一般都具有简单的实用功能，又具有装饰性的造型艺术特点。由于其体量较小，一般不具有可供游人入内的内部空间。它既有园林建筑技术的要求，又含有造型艺术和空间组合上的美感要求。因此，在园林中既作为实用设施，又作为点缀风景的艺术装饰小品。

一、园林建筑小品的作用

在园林造景中建筑小品作为园林空间的点缀，虽小，倘能匠心独运，辄有点睛之妙；作为园林建筑的配件，虽从属而能巧为烘托，可谓小而不残，从而不卑，与园林整体相得益彰。所以，园林建筑小品的设计及处理，只要剪裁得体，配置得宜，必将构成一幅幅优美动人的园林景致，充分发挥为园景增添景致的作用。园林建筑小品在园林中的作用大致包括以下几个方面：

（一）组景

园林建筑在园林空间中，除具有自身的使用功能要求外，一方面作为被观赏的对象，另一方面又作为人们观赏景色的场所。因此，设计中常常使用建筑小品把外界的景色组织起来，使园林意境更为生动，画面更富诗情画意。例如苏州留园揖峰轩六角景窗，翠竹枝叶看似很普通，但由于用工巧妙，成为一幅意趣盎然的景色，远观近赏，发人幽思。在古典园林中，为了创造空间层次和富于变幻的效果，常常借助于建筑小品的设置与铺排，一堵围墙或一个门洞都要予以精心的塑造。苏州拙政园的云墙和"晚翠"月门，无论在位置、尺度和形式上均能恰到好处，自枇杷园透过月门望见池北雪香云蔚亭掩映于树林之中，云墙和月门加上景石、兰草和卵石铺地所形成的素雅近景，两者交相辉映，令人神往。

（二）观赏

园林建筑小品，尤其是那些独立性较强的建筑要素，如果处理得好，其自身往往就是造园的一景。杭州西湖的"三潭印月"就是一种以传统的水庭石灯的小品形式"漂浮"于水面，使月夜景色更为迷人。成都锦水苑茶室景窗，以热带鱼的优美形象为装饰主题，用铜板、扁钢、圆钢的恰当组合，取得了轻盈活泼的效果，给人以一种美的享受。由此可见，运用小品的装饰性能够提高园林建筑的鉴赏价值，满足人们的观赏要求。

（三）渲染气氛

园林建筑小品除具有组景、观景作用外，常常把那些功能作用较明显的桌椅、地坪、踏步、桥岸以及灯具和牌匾等予以艺术化、景致化，以便渲染周围的气氛，增强空间的感染力。一组休憩坐凳，虽可采用成品，但为了取得某些艺术趣味，不妨做成富有一定艺术情趣的形式。如果处理得当，会给人留下深刻的印象。如桂林芦笛岩水榭小鸭座椅，与环境巧妙结合，使人很自然地想到野鸭嬉水的情景，起到了渲染气氛的作用。庭园中的花木栽培为使其更加艺术化，有的可以在墙上嵌置花斗，有的可以构筑大型花盆并处理成盆景的造型，有的也可以选择成品花盆把它放在花盆的台架上，再施以形式上的加工。比如，可以在水泥塑制的树木枝干中，错落搁置花盆，使平常的陶土花盆变成了艺术小品，十分生动有趣。园林建筑中桌凳可以用天然树桩作素材，以水泥塑制的仿树桩桌凳亦较用钢筋混凝土造的一般形式增添不少园林气氛。同样，仿木桩的桩岸、蹬道、桥板都会取得上述既自然又美观的造园效果。

二、园林建筑小品的设计原则

（一）巧于立意

园林建筑小品对人们的感染力，不仅在于形式的美，而更重要的在于有深刻的含意，要表达出一定的意境和情趣，才能成为耐人寻味的佳品。园林建筑小品作为局部主体景物具有相对独立的意境，更应具有一定的思想内涵，才能具有感染力。因此，设计时应巧于构思。中国传统园林中常在庭院的白粉墙前置玲珑山石、几竿修竹，粉墙花影恰似一幅中国花鸟画的再现，很有感染力。

（二）独具特色

园林建筑小品，具有浓厚的工艺美术特点，应突出地方特色，园林环境特色及单体的工艺特色，使之具有独特的格调，切忌生搬硬套和雷同。如玉兰灯具，最初在北京人民大会堂运用，具有堂皇华丽，典雅大方之风，适得其所。但20世纪六七十年代期间，不论在北方还是南方，举目所至，皆是玉兰灯，不分场合，到处滥用，失去应有特色。与此相反，在广州某园草地一侧，花竹之畔，设一水罐形的灯具，造型简洁，色彩鲜明，灯具紧靠地面，与花卉绿草融成一体，独具环境特色，耐人寻味。

（三）将人工融于自然

我国园林追求自然，但不乏人工，而且精于人工。"虽由人作，宛自天开"就是最精辟的理论。园林建筑小品同样须遵循这一原理。作为装饰小品，人工雕琢之处是难以避免的，因制作过程常是人工的工艺过程。而将人工与自然浑成一体，则是设计者匠心之处。如常见在自然风景中，在古木巨树之下，设以自然山石修筑成的山石桌椅，体现出自然之趣。近年来在广州园林中，常见在老榕树之下，塑以树根造型的圆凳，似在一片树木之下，自然形成的断根树桩，远看可以达到以假乱真的程度，极其自然。

（四）精于体宜

精于体宜是园林空间与景物之间最基本的体量构图原则。园林建筑小品作为园林的陪衬，一般在体量上力求精巧，不可喧宾夺主，不可失去分寸。在不同大小的园林空间之中，应有相应的体量要求与尺度要求，如园林灯具，在大的集散广场中，设巨型灯具，有明灯高照之效果；而在小庭院、小林荫曲径之旁，只宜小型园灯，不但体量要小，而且造型更应精致，诸如喷泉的大小、花台的体量等，均应根据其所处的空间大小，确定其相应的体量。

（五）符合使用功能及技术要求

园林建筑小品绝大多数均有实用意义，因此，除艺术造型美观上的要求外，还应符合实用功能及技术的要求。如园林中的栏杆具有各种不同的使用目的，因此，对各种栏杆的高度，就有不同的要求；又如园林坐凳，就要符合游人就座休息的尺度要求；再如作为园林界限，园墙就应从围护角度来确定其高度及其他技术上的要求。

当然，园林建筑小品设计，要考虑的问题是多方面的，而且具有更大的灵活性。因此，不能局限于上述几条原则，而应举一反三，融会贯通才是。

第七章 园林景观种植设计

第一节 园林景观植物生长发育和环境的关系

环境是指植物生存地点周围空间的一切因素的总和。从环境中分析出来的因素称为环境因子，而在环境因子中对景园植物起作用的因子称为生态因子，其中包括气候因子（光、温度、水分、空气、雷电、风、雨和霜雪等）、土壤因子（成土母质、土壤结构、土壤理化性质等）、生物因子（动物、植物、微生物等）、地形因子（地形类型、坡度、坡向和海拔等）。

这些因子综合构成了生态环境，其中光照、温度、空气、水分、土壤等是植物生存不可缺少的必要条件，它们直接影响着植物的生长发育。当然，这些生态因子并不是孤立地对植物起作用，而是综合地影响着植物的生长发育。

一、光与植物的生长发育

光是绿色植物最重要的生存因子，绿色植物通过光合作用将光能转化为化学能，为地球上的生物提供了生命活动的能源。影响光合作用的主要因子是光质（光谱成分）、光照强度和光照长度。

一般而言，植物在全光范围即在白光下才能正常生长发育，但是白光中的不同波长段，即红光（760～626nm）、橙光（626～595nm）、黄光（595～575nm）、绿光（575～490nm）、青蓝光（490～435nm）、紫光（435～370nm），对树木的作用是不完全相同的。蓝光紫光对树木的加长生长有抑制作用，但对幼芽的形成和细胞的分化均有重要作用，它们还能促进花青素的形成，使花朵色彩鲜艳。紫外线也具有同样的功能，所以在高山上生长的树木，节间均短缩而花色鲜艳。对树木的光合作用而言，以红光的作用最大，红光有助于叶绿素的形成，促进二氧化碳的分解与碳水化合物的合成；其次是蓝紫光，蓝光则有助于有机酸和蛋白质的合成，而绿光及黄光则大多被叶子所反射或透过，而很少被利用。

（一）植物对光照强度的要求及适应性

在园林景观建设中了解树木的耐阴性是很重要的，如阳性树种的寿命一般比耐阴树种的短，但阳性树种的生长速度较快，所以在进行树木配植时必须搭配得当。又如树木在幼苗阶段的耐阴性高于成年阶段，即耐阴性常随树龄的增长而降低，在同样的庇荫条件下，幼苗可以生存，但成年树即感到光照不足。了解了这一点，则可以进行科学的管理，适时地提高光照强度。此外，对于同一树种而言，生长在其分布区南界的植株就比生长在其分布区中心的植株耐阴；而生长在分布区北界的植株则较喜光。同样的树种，海拔愈高，树木的喜光性愈强。土壤的肥力也可影响树木的需光量，如榛子在肥土中相对最低需光量为全光照的 1/60～1/50，而在瘠土中约为全光照的 1/20～1/18。掌握这些知识，对引种驯化、苗木培育、树木的配植和养护管理等方面均会有所帮助。

（二）光照长度与植物的生长发育

日照的长短除对植物的开花有影响外，对植物的营养生长和休眠也起重要的作用。一般而言，延长光照时数会促进植物的生长或缩短生长期，缩短光照时数则会促进植物进入休眠或延长生长期。苏联曾对欧洲落叶松进行不间断的光照处理，结果使所受光照处理的植株的生长速度加快了近 15 倍；我国对杜仲苗施行不间断的光照处理，使其生长速度增加了 1 倍。对从南方引种的植物，为了使其及时准备过冬，则可用短日照的办法使其提早休眠以增强抗逆性。许多园林景观树木对光照长度并不敏感，影响最大的是光照强度。

二、温度与植物的生长发育

温度和光一样，是树木生存和进行各种生理生化活动的必要条件。树木的整个生长发育过程以及树种的地理分布等，都在很大程度上受温度的影响。只有在一定的温度条件下，树木才能进行正常生长，过高、过低的温度对树木都是有害的。树木的生活是在一定的温度范围内进行的，各种温度数值对树木的作用是不同的，我们通常所讲的温度三基点，是指某一个生理过程所需要的最低温度、最适温度和不能超过的最高温度。

温度对树木的影响，首先是通过对树木各种生理活动的影响表现出来的。树木的种子只有在一定的温度条件下才能吸水膨胀，促进酶的活化，加速种子内部的生理生化活动，从而发芽生长。一般树木种子在 0～5℃开始萌动，以后发芽速率与温度升高呈正相关，最适温度为 25～30℃之间，最高温度是 35～45℃，温度再高就对种子发芽产生不利的影响。对于温带和寒温带的许多树种的种子，则须经过一段时间的低温，才能顺利地发芽。

树木的生长是在一定的温度范围内进行的，不同地带生长的树木，对温度在量上的要求是不同的。在其他条件适宜的情况下，生长在高山和极地的树木最适合生长温度约在10℃以内，而大多数温带树种在5℃以上开始生长；最适生长温度为25~30℃，而最高生长温度为35~40℃。亚热带树种，通常最适生长温度为30~35℃，最高生长温度为45℃。一般在0~35℃的温度范围内，温度升高，生长加快，生长季延长，温度下降，生长减慢，生长季缩短。其原因是，在一定温度范围内，温度上升，细胞膜透性增强，树木生长时必需的二氧化碳、盐类的吸收增加，同时光合作用增强，蒸腾作用加快，酶的活动加速，促进了细胞的延长和分裂，从而加快了树木的生长速度。

三、水分与植物的生长发育

水是生物生存的重要因子，它是组成生物体的重要成分，树体内含水约有50%。只有在水的参与下，树木体内的生理活动才能正常进行，而水分不足，会加速树木的衰老。水主要来源于大气降水和地下水，在个别情况下，植物还可以利用数量极微的凝结水。水是通过不同质态、数量、持续时间这三个方面的变化对树木起作用的。水可呈多种质态，如固态水（雪、雹）、液态水（降水、灌水）和气态水（大气湿度、雾），不同质态水对树木的作用不同；数量，是指降水的多少；水的持续时间，是指干旱、降水、水淹等持续的日数。水的这三个方面对树木的生命活动影响重大，直接或间接影响树木的生长、开花和结果。

在自然界不同的水分条件下，适应着不同的树种。如干旱的山坡上常见松树生长良好；通常在水分充足的山谷、河旁，赤杨、枫杨生长旺盛。这说明树木对水分有不同的要求，它们对土壤湿度有不同的适应性。树木对水分的要求与需要有一定的联系，但却是两个不同的概念。树种对水分的需要和要求有时是一致的，有时也可能不一致。如赤杨喜生于水分充足的地方，是对水分需求量高、对土壤水分条件要求比较严格的树种；松树对水分的需要量也较高，但却可生长在少水的地方，对土壤湿度要求并不严格；云杉的耗水量较低，对土壤水分的要求却严格。按树种对水分的要求可分为耐旱树种、湿生树种和中生树种。

湿生树种是指在土壤含水量多、甚至在土壤表面有积水的条件下也能正常生长的树种，它们要求经常有充足的水分，不能忍受干旱，如池杉、枫杨、赤杨等。这些树种，因环境中经常有充足的水分，没有任何避免蒸腾过度的保护性形态结构，相反却具有对水分过多的适应特征。如根系不发达，分生侧根少，根毛也少，根细胞渗透压低，为810.6~1 215.9kPa，叶大而薄，栅栏组织不发达，角质层薄或缺，气孔多而常开放，因此，它们的枝叶摘下后很易萎缩。此外，为适应缺氧的生境，有些湿生树种的茎组织疏松，有利于气体交换。多数树种属中生树种，不能长期忍受过干和过湿的生境，根细胞的渗透压为

506.6~2 533.1kPa。

四、土壤与植物的生长发育

土壤是树木栽培的基础，树木的生长发育要从土壤中吸收水分和营养元素，以保证其正常的生理活动。土壤对树木生长发育的影响是由土壤的多种因素（如母岩、土层厚度、土壤质地、土壤结构、土壤营养元素含量、土壤酸碱度以及土壤微生物等）的综合作用所决定。因此，在分析土壤对树木生长的作用时，首先应该找出影响最大的主导因子，并研究树木对这些因子的适应特性。

土壤孔隙中含有空气的多种成分，如氧、氮、二氧化碳等。氧气是土壤空气中最重要的成分，我们常说的土壤通气性好坏主要是指含氧的状况。所有的树根和土壤微生物都要进行呼吸，不断地耗氧并排出二氧化碳等，若土壤通气不良，会减缓土壤与大气间的交换，使氧气含量下降，而二氧化碳含量增加，这样不利于氧与二氧化碳间的平衡，影响根系生长或停长，从而导致树木生长不良。

土壤化学性状主要指土壤的酸碱度及土壤有机质和矿质元素等，它们与树木的营养状况有密切关系。土壤酸碱度一般指土壤溶液中的氢离子的浓度，用 pH 值表示，土壤 pH 值多在 4~9 之间。由于土壤酸碱度与土壤理化性质和微生物活动有关，因此土壤有机质和矿质元素的分解和利用，也与土壤酸碱度密切相关。所以土壤酸碱度对树木生长的影响往往是间接的。土壤反应有酸性、中性、碱性三种。过强的酸性或碱性对树木的生长都不利，甚至因无法适应而死亡。各种树木对土壤酸碱度的适应力有较大的差异，大多数要求中性或弱酸性土壤，仅有少数适应强酸性（pH 值为 4.5~5.5）或碱性（pH 值为 7.5~8.0）土壤。

此外，在一些地区由于盐碱化而影响树木的生存。盐碱土包括盐土和碱土两大类。盐土是指含有大量可溶性盐的土壤，多由海水浸渍而成，为滨海地带常见，其中以氧化钠和硅酸钠为主，不呈碱性反应；碱土是以含碳酸钠和碳酸氢钠为主，pH 值呈强碱性反应的土壤，多见于雨水少、干旱的内陆。

对园林树木而言，落叶树在土壤中含盐量达 0.3% 时会引起伤害，常绿针叶树则在含盐量为 0.18%~2% 时，即会引起伤害。因此，在盐碱地进行园林绿化时，既要注意土壤的改造，更要选择一些抗盐碱性强的园林树木，如柽柳、紫穗槐、海桐、无花果、刺槐、白蜡等。

五、其他环境因子与植物的生长发育

（一）地势与植物的生长发育

地势本身不是影响树木分布及生长发育的直接因子，而是由于不同的地势，如海拔高度、坡度大小和坡向等对气候环境条件的影响，而间接地作用于树木的生长发育过程。

海拔高度对气候有很大的影响，海拔由低至高则温度渐低、相对湿度渐高、光照渐强、紫外线含量增加，这些现象以山地地区更为明显，因而会影响树木的生长与分布。山地的土壤随海拔的增高，温度渐低、湿度增加、有机质分解渐缓、淋溶和灰化作用加强，因此 pH 值渐低。由于各方面因子的变化，对于树木个体而言，生长在高山上的树木与生长在低海拔的同种个体相比较，则有植株高度变矮、节间变短等变化。树木的物候期随海拔升高而推迟，生长期结束早，秋叶色艳而丰富、落叶相对提早，而果熟较晚。

不同方位山坡的气候因子有很大差异，如南坡光照强，土温、气温高，土壤较干；而北坡正好相反。在北方，由于降水量少，所以土壤的水分状况对树木生长影响极大，在北坡，由于水分状况相对南坡好，而可生长乔木，植被繁茂，甚至一些阳性树种亦生于阴坡或半阴坡；在南坡由于水分状况差，所以仅能生长一些耐旱的灌木和草本植物。但是在雨量充沛的南方则阳坡的植被就非常繁茂了。此外，不同的坡向对树木冻害、旱害等亦有很大影响。

坡度的缓急、地势的陡峭起伏等，不但会形成小气候的变化而且对水土的流失与积聚都有影响，还可直接或间接地影响到树木的生长和分布。坡度通常分为六级，即平坦地为 5°以下、缓坡为 6°~15°、中坡为 16°~25°、陡坡为 26°~35°、急坡为 36°~45°、险坡为 45°以上。在坡面上水流的速度与坡度及坡长成正比，而流速愈快、径流量愈大时，冲刷掉的土壤量也愈大。山谷的宽狭与深浅以及走向变化也能影响树木的生长状况。

（二）风与植物的生长发育

风是气候因子之一。风对树木的作用是多方面的，有对树木良好作用的一面，如微风与和风有利于风媒传粉、可以促进气体交换、增强蒸腾、改善光照和光合作用、降低地面高温、减少病原苗等；但也有不利的一面，如大风对树木起破坏作用，经常被大风吹刮的树木会变矮、弯干、偏冠，强风会吹落嫩枝、花果，折断大枝，使树木倒伏，甚至整株被拔起。

各种树木的抗风能力差别很大，一般而言，凡树冠紧密、材质坚韧、根系强大深广的树种，抗风力就强，而树冠庞大、材质柔软或硬脆、根系浅的树种，抗风力就弱但是同一树种又因繁殖方法、立地条件和配置方式的不同而有异。用扦插繁殖的树木，其根系比用播种繁殖的浅，故易倒；在土壤松软而地下水位较高处亦易倒；直立树和稀植的树比密植者易受风害，而以密植的抗风力最强。

（三）大气污染与植物的生长发育

随着工农业现代化的发展，环境污染问题日趋严重。城市工厂生产和生活中的能源燃烧、汽车排气等是市区主要的污染源。目前，受到注意的污染大气的有毒物质已达 400 余种，通常危害较大的有 20 余种。按其毒害机制可分为 6 种类型。

（1）氧化性类型。如臭氧、氧气及二氧化氮等。

（2）还原性类型。如二氧化硫、硫化氢、一氧化碳、甲醛等。

（3）酸性类型。如氟化氢、氧化氢、硅酸烟雾等。

（4）碱性类型。如氨等。

（5）有机毒害型。如乙烯等。

（6）粉尘类型。如镉、铅等重金属，飞沙、尘土、烟尘等。

在城市中汽车过多的地方，由汽车排出的尾气经太阳光紫外线的照射会发生光化学作用，而变成浅蓝色的烟雾，其中，90% 为臭氧，其他为醛类、烷基硝酸盐、过氧乙酰基硝酸酯，有的还含有为防爆消声而加的铅，这是大城市中常见的次生污染物质。

大气污染既有持续性的，也有阵发性的；既有单一污染，也有混合污染。不同污染源对树木的危害不同。不同树木对污染的反应不同，有敏感的（常用作监测），有抗性较强的。受害表现有急性型、慢性型、时滞暴发型（经 1～2 次高浓度阵发性污染后，开始一段时间并不表现危害症状或很轻，而后在污染并不延续的情况下，以爆发形式表现出急性危害）和抗耐型四种类型。

在充分了解不同地点污染的特点和同一地点不同季节污染的变化状况的基础上，选择不同抗性的树木进行栽培，才能在一定程度上发挥树木的净化作用。

（四）生物因子与植物的生长发育

在树木生存的环境中，尚存在许多其他生物，如各种低等、高等动物，它们与树木间有着各种或大或小的、直接或间接的相互影响，这些生物因子对树木生长发育的影响也是不能忽视的。而在树木与树木间也存在着错综复杂的相互影响。

第二节 园林景观植物种植设计基本形式与类型

一、园林景观植物种植设计基本形式

园林景观种植设计的基本形式有三种，即规则式、自然式和混合式。

（一）规则式

规则式又称整形式、几何式、图案式等，是指园林景观中植物成行成列等距离排列种植，或做有规则的简单重复，或具规整形状。多使用植篱、整形树、模纹景观及整形草坪等。花卉布置以图案式为主，花坛多为几何形，或组成大规模的花坛群；草坪平整而具有直线或几何曲线型边缘等。通常运用于规则式或混合式布局的园林环境中。具有整齐、严谨、庄重和人工美的艺术特色。

（二）自然式

自然式又称风景式、不规则式，是指植物景观的布置没有明显的轴线，各种植物的分布自由变化，没有一定的规律性。树木种植无固定的株行距，形态大小不一，充分发挥树木自然生长的姿态，不求人工造型；充分考虑植物的生态习性，植物种类丰富多样，以自然界植物生态群落为蓝本，创造生动活泼、清幽典雅的自然植被景观，如自然式丛林、疏林草地、自然式花境等。自然式种植设计常用于自然式的园林景观环境中，如自然式庭园、综合性公园安静休憩区、自然式小游园、居住区绿地等。

（三）混合式

混合式是规则式与自然式相结合的形式，通常指群体植物景观（群落景观）。混合式植物造景就是吸取规则式和自然式的优点，既有整洁清新、色彩明快的整体效果，又有丰富多彩、变化无穷的自然景色；既有自然美，又具人工美。

混合式植物造景根据规则式和自然式各占比例的不同，又分三种情形，即自然式为主，结合规则式；规则式为主，点缀自然式；规则式与自然式并重。

二、园林景观植物种植设计类型

（一）根据园林景观植物应用类型分类

1. 树木种植设计

是指对各种树木（包括乔木、灌木及木质藤本植物等）景观进行设计。具体按景观形态与组合方式又分为孤景树、对植树、树列、树丛、树群、树林、植篱及整形树等景观设计。

2. 草花种植设计

是指对各种草本花卉进行造景设计，着重表现草花的群体色彩美、图案装饰美，并具有烘托园林气氛、创造花卉特色景观等作用。具体设计造景类型有花坛、花境、花台、花池、花箱、花丛、花群、花地、模纹花带、花柱、花箱、花钵、花球、花伞、吊盆以及其他装饰花卉景观等。

3. 蕨类与苔藓植物设计

利用蕨类植物和苔藓进行园林造景设计，具有朴素、自然和幽深宁静的艺术境界，多用于林下或阴湿环境中，如贯众、凤尾蕨、肾蕨、波士顿蕨、翠云草、铁线蕨等。

（二）按植物生境分类

景园种植设计按植物生境不同，分为陆地种植设计和水体种植设计两大类。

1. 陆地种植设计

园林景观陆地环境植物种植，内容极其丰富，一般园林景观中大部分的植物景观属于这一类。陆地生境地形有山地、坡地和平地三种。山地宜用乔木造林；坡地多种植灌木丛、树木地被或草坡地等；平地宜做花坛、草坪、花境、树丛、树林等各类植物造景。

2. 水体种植设计

水体种植设计是对园林景观中的湖泊、溪流、河沼、池塘以及人工水池等水体环境进行植物造景设计。水生植物虽没有陆生植物种类丰富，但也颇具特色，历来被造园家所重视。水生植物造景可以打破水面的平静和单调，增添水面情趣，丰富景园水体景观内容。水生植物根据生活习性和生长特性不同，可分为挺水植物、浮叶植物、沉水植物和漂浮植物四类。

（三） 按植物应用空间环境分类

1．户外绿地种植设计

是园林景观种植设计的主要类型，一般面积较大，植物种类丰富，并直接受土壤、气候等自然环境的影响。设计时除考虑人工环境因素外，更加注重运用自然条件和规律，创造稳定持久的植物自然生态群落景观。

2．室内庭园种植设计

种植设计的方法与户外绿地具有较大差异，设计时必须考虑到空间、土壤、阳光、空气等环境因子对植物景观的限制，同时也注重植物对室内环境的装饰作用。多运用于大型公共建筑等室内环境布置。

3．屋顶种植设计

在建筑物屋顶（如平房屋顶、楼房屋顶）上铺填培养土进行植物种植的方法，屋顶种植又分非游憩性绿化种植和屋顶花园种植两种形式。

第三节　园林景观植物种植设计手法

一、树列与行道树设计

（一） 树列设计

树列，也称列植树，是指按一定间距，沿直线（或曲线）纵向排列种植的树木景观。

1．树列设计形式

树列设计的形式有两种，即单纯树列和混合树列。单纯树列是用同一种树木进行排列种植设计，具有强烈的统一感和方向性，种群特征鲜明，景观形态简洁流畅，但也不乏单调感。混合树列是用两种以上的树木进行相间排列种植设计，具有高低层次和韵律变化，混合树列还因树种的不同，产生色彩、形态、季相等景观变化。树列设计的株距取决于树种特性、环境功能和造景要求等，一般乔木间距 3~8m，灌木 1~5m，灌木与灌木近距离列植时以彼此间留有空隙为准，区别于植篱。

2．树种选择与应用

树列具有整齐、严谨、韵律、动势等景观效果。因此，在设计时宜选择树冠较整齐、个体生长发育差异小或者耐修剪的树种。树列景观适用于乔木、灌木、常绿、落叶等许多类型的树种。混合树列树种宜少不宜多，一般不超过三种，多了会显得杂乱而失去树列景观的艺术表现力。树列延伸线较短时，多选用一种树木，若选用两种树时，宜采用乔木与灌木间植，一高一低，简洁生动。树列常用于道路边、分车绿带、建筑物旁、水际、绿地边界、花坛等种植布置。行道树就是最常见的树列景观之一，水际树列多选择垂柳、枫杨、水杉等树种。

（二）行道树设计

行道树是按一定间距列植于道路两侧或分车绿带上的乔木景观，行道树设计要考虑的主要内容是道路环境、树种选择、设计形式、设计距离、安全视距等。

1. 道路环境

行道树生长的道路环境因素较为复杂，并直接或间接影响着行道树的生长发育、景观形态和景观效果。总体上可将环境因素分为两大类，即自然因素和人工因素。自然因素包括温度、光照、空气、土壤、水分等；人工因素包括建筑物、路面铺筑物、架空线、地下埋藏管线、交通设施、人流、车辆、污染物等。这些因素或多或少地影响了行道树设计时的树种选定、种植定位、定干整形等。因此在设计之前要充分了解各种环境因素及其影响作用，为行道树设计提供依据。

2. 树种选择

行道树树种设计要认真考虑各种环境因素，充分体现行道树保护和美化环境的功能，科学、正确地选择适宜树种。具体选择树种时一般要求树木具有适应性强、姿态优美、生长健壮、树冠宽大、萌芽性强、无污染性等特点。另外，选择树种时，应尽量选用无花粉过敏性或过敏性较少的树种，如香樟、女贞、刺槐、乌桕、水杉、黄杨、榔榆、冬青、银杏、梧桐等。

3. 设计形式

行道树设计形式根据道路绿地形态不同，通常分为两种，即绿带式和树池式。

（1）绿带式

是指在道路规划设计时，在道路两侧，位于车行道与人行道之间、人行道或混合道路外侧设置带状绿地，种植行道树。较为宽阔的主干道有时也在分车绿带中种植行道树，以进一步增加景园空间绿量和环境生态效益。带状绿地宽度因用地条件及附近建筑环境不同可宽可窄，但一般不小于 1.5m 宽，至少可以种植一列乔木行道树。

（2）树池式

是指在人行道上设计排列几何形的种植池以种植行道树的形式。树池式常用于人流或车流量较大的干道，或人行道路面较窄的道路行道树设计。树池占地面积小，可留出较多的铺装地面以满足交通及人员活动需要。树池形状以正方形较好，其次为长方形和圆形。树池规格因道路用地条件而定，一般情况下，正方形树池以 1.5m×1.5m 较为合适，最小不小于 1m×1m；长方形树池以 1.2m×2m 为宜；圆形树池直径则不小于 1.5m。行道树宜栽植于树池的几何中心位置。

4. 设计距离

行道树设计还必须考虑树木之间，树木与架空线、建筑、构筑物、地下管线以及其他设施之间的距离，以避免或减少彼此之间的矛盾，使树木既能充分生长，最大限度地发挥其生态与环境美化功能，同时又不影响建筑与环境设施的功能与安全。

行道树的株距大小依据所选择的树木类型和设计初种树木规格而定。一般采用 5m 作为定植株距，一些高大乔木也可采用 6~8m 的定植株距，总的原则是以成年后树冠能形成较好的郁闭效果为准。设计初种树木规格较小而又须在较短时间内形成遮阳效果时，可缩小株距，一般为 2.5~3m，等树冠长大后再行间伐，最后定植株距为 5~6m。小乔木或窄冠型乔木行道树一般采用 4m 的株距。

5. 安全视距

行道树设计时还要考虑交叉道口的行车安全，在道路转弯处空出一定的距离，使驾驶员在拐弯或通过路口之前能看到侧面道路上的通行车辆，并有充分的刹车距离和停车时间，防止交通事故发生。这种从发觉对方汽车立即刹车而不致发生撞车的距离，称为"安全视距"。根据两条相交道路的两个最短视距，可在交叉口转弯处绘出一个三角形，称为"视距三角形"，在此三角区内不能有构筑物，行道树设计也要避开此三角区。一般采用 30~35m 的安全视距为宜。

二、孤景树与对植树设计

（一）孤景树设计

孤景树又称孤植树、孤立木，是用一株树木单独种植设计成景的园林树木景观。孤植树是作为园林局部空间的主景构图而设置的，以表现自然生长的个体树木的形态美，或兼有色彩美，在功能上以观赏为主，同时也具有良好的遮阳效果。

1. 环境设计

孤景树的设计必须有较为开阔的空间环境，既保证树木本身有足够的自由生长空间，而且也要有比较适宜的观赏视距与观赏空间，人们可以从多个位置和角度去观赏孤景树。

孤景树在环境中是相对独立成景，并非完全孤立，它与周围环境景物具有内在的联系，无论在体量、姿态、色彩、方向等方面，与环境其他景物既有对比，又有联系，共同统一于整个绿地构图之中。孤景树设计的具体环境位置，除草坪、广场、湖畔等开朗空间外，还可布置于桥头、岛屿、斜坡、园路尽端或转弯处、岩洞口、建筑旁等。自然式绿地中构图力求自然活泼，在与环境取得协调均衡的同时，避免使树木处于绿地空间的正中位置。孤景树也可设计应用于整形花坛、树坛、交通广场、建筑前庭等规则式绿地环境中，树冠要求丰满、完整、高大，具有宏伟的气势。有时也可将树冠修剪成一定造型，进一步强调主景效果。

2. 树种选择

孤景树设计一般要求树木形体高大，姿态优美，树冠开阔，枝叶茂盛，或者具有某些特殊的观赏价值，如鲜艳的花果叶色彩、优美的枝干造型、浓郁的芳香等。还要求生长健壮、寿命长，无严重污染环境的落花、落果，不含有害于人体健康的毒素等。在各类园林绿地规划设计时，要充分利用原有大树，特别是一些古树名木作为孤景树来造景。一方面是为了保护古树名木和植物资源，使之成为园林景观空间重要的绿色景观而受到保护；另一方面，古树名木本身具有很高的不可替代的观赏价值和历史意义。

（二）对植树设计

对植树是指按一定轴线关系对称或均衡对应种植的两株或具有两株整体效果的两组树木景观。对植树主要做配景或夹景，以烘托主景，或增强景观透视的前后层次和纵深感。如建筑入口两侧可种植龙爪槐、桂花、海桐等对植树景观。

1. 对植树设计形式

根据庭园绿地空间布局的形式不同，对植树设计分规则对称式和不对称均衡式两种。规则对称式对植多用于规则式庭园绿地，布局严格按对称轴线左右完全对称，树种相同，树木形态大小基本一致，采用单株对植，具有端庄、工整的构图美。不对称均衡式对植多用于自然式或混合式庭园绿地中，在构图中线的两侧不完全对称布置，稍有变化，可用形态相似的不同种树，同种树树形可以有所变化，植株与中心线的距离也可不等，位置也可略有错落。在数量上也可变化，如一株大树与两株一组的稍小树木对植布置。不对称均衡式对植树景观显得自由活泼，能较好地与自然空间环境取得协调。

2. 树种选择与应用

对植树设计一般要求树木形态美观或树冠整齐、花叶姣美。规则对称式多选用树冠形状比较整齐的树种，如龙柏、雪松等，或者选用可进行整形修剪的树种进行人工造型，以便从形体上取得规整对称的效果，不对称均衡式对植树树种要求较为宽松。在对植树配植时，要充分考虑树木立地位置和空间条件，既要保证树木有足够的生长空间，又不影响环境功能的发挥。如在建筑入口两侧布置对植树，不能影响人员进出或其他活动；不要影响建筑室内采光，距离建筑墙面要有足够树木生长的空间距离等。

三、树丛设计

树丛是指由多株（通常两株到十几株不等）树木做不规则近距离组合种植，具有整体效果的园林树木群体景观。树丛主要反映自然界树木小规模群体形象美，这种群体形象美又是通过树木个体之间的有机组合与搭配来体现的，彼此之间既有统一的联系，又有各自的变化。在园林构图上，常做局部空间的主景，或配景、障景、隔景等。同时也兼有遮阳作用，如水池边、河畔、草坪等处，皆可设置树丛。树丛可以是一个种群，也可由多种树组成。树丛因树木株数不同而组合方式各异，不同株数的组合设计要求遵循一定构图法则。

（一）两株树丛

两株组合设计一般采用同种树木，或者形态和生态习性相似的不同种树木。两株树木的形态大小不要完全相同，要有变化和动势，创造活泼的景致。两株树木之间既有变化和对比，又要有联系，相互顾盼，共同组成和谐的景观形象。两株间距要适当，一般以小于矮树冠径为宜，在不影响两株个体正常发育的条件下，尽可能栽得靠近一些。

（二）三株树丛

三株树木组合设计宜采用同种或两种树木。若为两种树，应同为常绿或落叶，同为乔木或灌木等，不同树木大小和姿态有所变化。平面布置呈不等边三角形。三株树通常成"2+1"式分组设置，最大和最小靠近栽植成一组，中等树木稍离远些成为另一组，两组之间具有动势呼应，整体造型呈不对称式均衡。若三株树木为两种，则同种的两株分居两组，而且单独一组的树木体量要小，这样的丛植景观才具有既统一又变化的艺术效果。

（三）四株树丛

四株树木组合设计宜用一种或两种树木。用一种树木时，在形态、大小、距离上求变化，用两种树木时，则要求同为乔木或灌木。布局时同种树以"3+1"式分组设置，三种中两株靠近，一株偏远，方法同三株组合，单株一组通常为第二大树。整体布局可呈不等边三角形或四边形。选用两种树木时，树量比为 3：1。仅一株的树种，其体量不宜最小或最大，也不能单独一组布置，应与另一种树木进行"2+1"式组合配植。

（四）五株树丛

三株组与二株组：五株树木组合设计，若为同一树种，则树木个体形态、动势、间距各有不同，并以"3+2"各自组合方式同三株树丛和二株树丛。五株树丛亦可采用"4+1"式组合配植，其中单株组树木不能为最大，两组距离不宜过远，动势上要有联系，相互呼应。五株树丛若用两种树木，株数比以 3：2 为宜，在分组布置时，最大树木不宜单独成组。

树丛配植，株数越多，组合布局就越复杂，但再复杂的组合都是由最基本的组合方式所构成。芥子园画谱中说："五株既熟，则千万株可以类推，交搭巧妙，在此转关。"因此，树丛设计仍然在于统一中求变化，差异中求调和。树丛树木株数少，种类也宜少，树木较多时，方可增加树种，但一般 10~15 株的树丛，树种也不宜超过五种。

树丛设计适用于大多数树种，只要充分考虑环境条件和造景构图要求以及树木形态特征与生态习性，皆可获得优美的树丛景观。各类园林绿地树丛的常用树种有紫杉、冷杉、金钱松、银杏、雪松、龙柏、桧柏、水杉、白玉兰、紫薇、栾树、七叶树、红杉、鸡爪槭、紫叶李、桂花、棕榈、杜鹃、海桐、苏铁、丝兰、凤尾兰、大王椰子、石榴、石楠、梧桐树、榉树、南洋杉、紫玉兰、琼花等。

四、树群设计

树群是指由几十株树木组合种植的树木群体景观。树群所表现的是树木较大规模的群体形象美（色彩、形态等），通常作为园林景观艺术构图的主景之一或配景等。树群可为一个种群，也可为一个群落。

（一）树群设计形式

树群设计形式有单纯树群和混交树群两种。单纯树群只有一种树木，其树木种群景观特征显著，景观规模与气氛大于树丛，一般郁闭度较高。混交树群由多种树木混合组成一定范围树木群落景观，它是园林树群设计的主要形式，具有层次丰富，景观多姿多彩、持久稳定等优点。树群一般仅具观赏和生态功能，树群内不做休憩蔽荫使用，但在树冠开展的乔木树群边缘，可设置休憩设施，略具遮阳作用。

（二）树群结构

混交树群具有多层结构，通常为四层，即乔木层、亚乔木层、大灌木层和小灌木层。

还有多年生草本地被植物，有时也称之为"第五层"。树群各层分布原则是乔木层位于树群中央，其四周是亚乔木层，而大、小灌木则分布于树群的最外缘。这种结构不致相互遮挡，每一层都能显露出各自的观赏特征，并满足各层树木对光照等生存环境条件的需求。

（三）树群树种选择与应用环境

混交树群设计，乔木层树种要求树冠姿态优美，树群冠际线富于变化；亚乔木层树木最好开花繁茂或具有艳丽的叶色；灌木层以花灌木为主，适当点缀常绿灌木。

树群树种设计须考虑群落生态，选用适宜的树种。如乔木层多为阳性树种，亚乔木层为稍能耐阴的阳性树种或中性树种，灌木层多为半阴性或阴性树种。在寒冷地区，相对喜暖树种则必须布置在树群的南侧或东南侧。只有充分考虑环境生态，才能实现设计愿望，获得较稳定的树木群落景观。

树群一般设计应用于具有足够观赏视距的环境空间里，如近林缘的开阔草坪上、土丘或缓坡地、湖心小岛以及开阔的水滨地段等。观赏视距至少为树群高度的 4 倍或树群宽度的 1.5 倍以上，树群周围具有一定的开敞活动空间。树群规模不宜太大，一般以外缘投影轮廓线长度不超过 60m，长宽比不大于 3∶1 为宜。

五、树林设计

树林是指成片、成块种植的大面积树木景观。如综合性公园安静休憩区休憩林、风景游览区的风景林（如彩叶林）以及城市防护绿地中的卫生防护林、防风林、引风林、水土保持林、水源涵养林等。树林据其结构和树种不同可分为密林、疏林、单纯林和混交林等。根据形态不同，可分为片状树林和带状树林（又称林带），各种类型的树林景观设计要求各不相同。

（一）密林

密林是指郁闭度较高的树林景观，一般郁闭度为 70%~100%。密林又有单纯密林和混交密林之分。单纯密林具有简洁、壮观的特点，但层次单一，缺乏季相景观变化。单纯密林一般选用观赏价值较高、生长健壮的适生树种，如马尾松、油松、白皮松、水杉、枫香、桂花、黑松、梅花、毛竹等。混交密林具有多层结构，通常 3~4 层。大面积的混交密林不同树种多采用片状或块状、带状混交布置，面积较小时采用小片状或点状混交设计，以及常绿树与落叶树相混交。

密林平面布局与树群基本相似，只是面积和树木数量较大。单纯密林无须做出所有树木单株定点设计，只做小面积的树林大样设计，一般大样面积为 25m×20m~25m×40m。在树林大样图上绘出每株树木的定植点，注明树种编号、株距，编写植物名录和设计说明。树林大样图比例一般为 1：250~1：100，设计总平面图比例一般为 1：1 000~1：500，并在总平面图上绘出树林边缘线、道路、设施及详图编号等。

（二）疏林

疏林的郁闭度为 40%~60%。疏林多为单纯乔木林，也可配植一些花灌木，具有舒适明朗，适合游憩活动的特点，公共庭园绿地中多有应用。如在面积较大的集中绿地中常设计布局疏林，夏日可蔽荫纳凉，冬季也能进行日光浴，还适合林下野餐、打拳练功、读书看报等，所以是深受人们喜爱的景园环境之一。疏林可根据景观功能和人活动使用情况不同设计成三种形式，即疏林草地、疏林花地和疏林广场。

六、林带设计

在园林绿地中，林带多应用于周边环境、路边、河滨等地。一般选用 1~2 种树木，多为高大乔木，树冠枝叶繁茂，具有较好的遮阳、降噪、防风、阻隔遮挡等功能。林带一般郁闭度较高，多采用规则式种植，亦有不规则形式。株距视树种特性而定，一般 1~6m。小乔木窄冠树株距较小，树冠开展的高大乔木则株距较大。总之，以树木成年后树冠能交接为准。林带设计常用树种有水杉、杨树、栾树、桧柏、山核桃、刺槐、火炬松、白桦、银杏、柳杉、池杉、落羽杉、女贞等。

七、植篱设计

植篱是指由同一种树木（多为灌木）做近距离密集列植成篱状的树木景观。园林绿地中，植篱常用作边境界、空间分隔、屏障，或作为花坛、花境、喷泉、雕塑的背景与基础造景内容。

（一）植篱设计形式

1. 矮篱

设计高度在 50cm 以下的植篱称为矮篱。矮篱因高度较低，常人可以轻易跨越。因此，一般用作象征性绿地空间分隔和环境绿化装饰。如花境边缘、花坛和观赏草坪镶边等常设计矮篱。

2. 中篱

设计高度在 50~120cm 的植篱称为中篱。中篱因具一定高度，常人一般不能轻易跨越，所以具有一定空间分隔作用。中篱也是园林中常用的植篱形式。如绿地边界划分、围护、绿地空间分隔、遮挡不高的挡土墙面以及植物迷宫等常用中篱。中篱设计宽度一般为40~100cm，种植1~2列篱体植物，篱体较宽时采用双列交叉种植，株距30~50cm，行距30~40cm。

3. 高篱

设计高度在120~150cm的植篱称为高篱。高篱因高度较高，常人一般不能跨越。所以，高篱常用作园林绿地空间分隔和防范，也可用作障景，或用作组织游览路线。一般人的视线可以水平通过篱顶，所以仍然存在景观空间联系。高篱设计宽度一般60~120cm，种植1~2列树木，双列交叉种植。株距50cm左右，行距40~60cm。

4. 树墙

设计高度在150cm以上的植篱称树墙，因多选用常绿树种，所以也称绿墙。树墙的高度超过了一般人的视高（150cm），所以树墙具有视线阻挡作用，在景园绿地中常用来进行空间分隔和屏障视线，以分隔不同的功能空间，减少相互干扰，遮挡、隐蔽不美观的构筑物及设施等。树墙也可用来做自然式与规则式绿地空间的过渡处理，使风格不同，对比强烈的布局形式得到调和。另外，树墙做背景也具有良好的效果。

5. 常绿篱

采用常绿树种设计的植篱，称常绿篱，也简称篱。常绿篱通常虽无花果之艳，但整齐素雅，造型简洁，是绿地中运用最多的植篱形式。常绿篱通常须定期修剪整形，种植方式同一般植篱。

6. 花篱

设计树种为花灌木的植篱又称花篱。花篱除一般绿篱功能外，还具有较高的观花价值，或享受花朵之芳香。花篱种植形式与一般植篱基本相同，不同之处在于为使植物多开花，花篱一般不做或少做规则式修剪造型。

7. 果篱

设计时采用观果树种，能结出许多果实，并具有较高观赏价值的植篱又称果篱或观果篱。果篱与花篱相似，一般也不做或少做规则整形修剪，以尽量不影响结果观赏。

8. 刺篱

设计时选用多刺植物配植而成的植篱又称刺篱。刺篱的主要功能是边界防范，阻挡行人穿越绿地，有时也兼有较好的观赏功能。

9. 彩叶篱

以彩叶树种设计的植篱又称彩叶篱。彩叶篱色彩亮丽，运用于庭园环境，具有较好的绿化美化装饰功能。彩叶篱种植形式同一般植篱，一般也不做整形修剪。

10. 蔓篱

设计一定形式的篱架，并用藤蔓植物攀缘其上所形成的绿色篱体景观称为蔓篱。蔓篱主要用来围护和创造特色篱景。

11. 编篱

将绿篱植物枝条编织成网格状的植篱又称编篱，目的是增加植篱的牢固性和边界防范效果，避免人或动物穿越。有时亦能创造一定特色篱景。

（二）植篱造型设计

植篱造型设计一般有几何型、建筑型和自然型三种。

1. 几何型

又称平直型，篱体呈几何体形，篱面通常平直，篱体断面一般为矩形、梯形、折形、圈形等。几何型是植篱最常见的造型形式，可用于矮篱、中篱、高篱、绿篱等。几何型植篱须定期修剪造型。几何型植篱尽端若不与建筑物或其他设施连接时，一般须做端部造型处理，以便显得美观、得体。

2. 建筑型

是将篱体造型设计成城墙、拱门、云墙等建筑式样建筑型植篱可用于中、高植篱和树墙，多选用常绿树种，须定期造型修剪。

3. 自然型

植篱树木自然生长，不做规则式修剪造型，或在生长过程中稍做整理，篱体形态自然，通常以花、叶、果取胜。多用于花篱、彩叶篱、果篱、刺篱等。

八、花卉造景设计

（一）花台设计

花台是在较高的（一般40~100cm）空心台座式植床中填土或人工基质，主要种植草花所形成的景观。花台一般面积较小，适合近距离观赏，以表现花卉的色彩、芳香、形态以及花台造型等综合美。花台多为规则形，亦有自然形。

1. 规则形花台

花台种植台座外形轮廓为规则几何形体，如圆柱形、棱柱形以及具有几何线条的物体形状（如瓶状、碗状）等。常设计运用于规则式景园绿地的小型活动休憩广场、建筑物前、建筑墙基、墙面（又称花斗）、围墙墙头等。用于墙基时多为长条形。

规则形花台可以设计为单个花台，也可以由多个台座组合设计成组合花台。组合花台可以是平面组合（各台座在同一地面上），也可以是立体组合（各台座位于不同高度、高低错落）。立体组合花台设计既要注意局部造型的变化，又要考虑花台整体造型的均衡和稳定。

规则形花台还可与座椅、坐凳、雕塑等景观、设施结合起来设计，创造多功能的庭园景观。规则形花台台座一般用砖砌成一定几何形体，然后用水泥砂浆粉刷，也可用水磨石、马赛克、大理石、花岗岩、贴面砖等进行装饰。还可用块石干砌，显得自然、粗犷或典雅、大方。立体组合花台台座有时须用钢筋混凝土现浇，以满足特殊造型与结构要求。

规则形花台台座一般比花坛植床造型要丰富华丽一些，以提高观赏效果，但也不应设计得过于艳丽，不能喧宾夺主，偏离花卉造景设计的主题。

2. 自然形花台

花台台座外形轮廓为不规则的自然形状，多采用自然山石叠砌而成。我国古典庭园中花台绝大多数为自然形花台。台座材料有湖石、黄石、宣石、英石等，常与假山、墙脚、自然式水池等相结合或单独设置于庭院中。

自然形花台设计时可自由灵活，高低错落，变化有致，易与环境中的自然风景协调统一。台内种植草本花卉和小巧玲珑、形态别致的木本植物，如沿阶草、石蒜、萱草、松、竹、梅、牡丹、芍药、南天竹、月季、玫瑰、丁香、菊花等。还可适当配置点缀一些假山石，如石笋石、斧劈石、钟乳石等，创造具有诗情画意的园林景观。

（二）花境设计

花境是以多年生草花为主，结合观叶植物和一二年生草花，沿花园边界或路缘设计布置而成的一种园林植物景观。花境外形轮廓较为规整，内部花卉的布置成丛或成片，自由变化，多为宿根、球根花卉，亦可点缀种植花灌木、山石、器物等。

花境是介于规则式与自然式之间的一种带状花卉景观设计形式，也是草花与木本植物结合设计的景观类型，广泛运用于各类绿地，通常沿建筑物基础墙边、道路两侧、台阶两旁、挡土墙边、斜坡地、林缘、水畔池边、草坪边以及与植篱、花架、游廊等结合布置。

花境植物种植，既要体现花卉植物自然组合的群体美，又要注意表现植株个体的自然美，尤其是多年生花卉与花灌木的运用，要选择花、叶、形、香等观赏价值较高的种类，并注意高低层次的搭配关系。双向观赏的花境，花灌木多布置于花境中央，其周围布置较高一些的宿根花卉，最外缘布置低矮花卉，边缘可用矮生球根、宿根花卉或绿篱植物设计嵌边，提高美化装饰效果。花卉可成块、成带或成片布置，不同种类交替变化。

单向观赏花境种植设计前低后高，有背景衬托的花境则还要注意色彩对比等。花境植床与周围地面基本相平，中央可稍稍凸起，坡度5%左右，以利排水。有围边时，植床可略高于周围地面。植床长度依环境而定，但宽度一般不宜超过6m。

单向观赏花境宽2~4m，双向观赏花境宽4~6m。

九、水体种植设计

（一）水体种植设计原则

1. 水生植物占水面比例适当

在园林河湖、池塘等水体中进行水生植物种植设计，不宜将整个水面占满。否则会造成水面拥挤，不能产生景观倒影而失去水体特有的景观效果。也不要在较小的水面四周种满一圈，避免单调、呆板。因此，水体种植布局设计总的要求是要留出一定面积的活泼水面，并且植物布置有疏有密、有断有续，富于变化，使水面景色更为生动。一般较小的水面，植物占据的面积以不超过1/3为宜。

2. 因"水"制宜

选择植物种类设计时要根据水体环境条件和特点，因"水"制宜地选择合适的水生植物种类进行种植设计。如大面积的湖泊、池沼设计时观赏结合生产，种植莲藕、芡实、芦苇等；较小的庭园水体，则点缀种植水生观赏花卉，如荷花、睡莲、王莲、香蒲、水葱等。

3. 控制水生植物生长范围

水生植物多生长迅速，如不加以控制，会很快在水面上蔓延，影响整个水体景观效果。因此，种植设计时，一定要在水体下设计限定植物生长范围的容器或植床设施，以控制挺水植物、浮叶植物的生长范围。漂浮植物则多选用轻质浮水材料（如竹、木、泡沫草索等）制成一定形状的浮框，水生植物在框内生长，框可固定于某一地点，也可在水面上随处漂移，成为水面上漂浮的绿洲或花坛景观。

（二）水生植物种植法

景园中大面积种植挺水或浮叶水生植物，一般使用耐水建筑材料，根据设计范围，沿范围边缘砌筑种植床壁，植物种植于床壁内侧。较小的水池可根据配植植物的习性，在池底用砖石或混凝土做成支墩以调节种植深度，将盆栽或缸栽的水生植物放置于不同高度的支墩上。如果水池深度合适，则可直接将种植容器置于池底。

（三）水体岸边种植布置

在园林水体岸边，一般选用姿态优美的耐水湿植物，如柳树、木芙蓉、池杉、素馨、迎春、水杉、水松等进行种植设计，美化河岸、池畔环境，丰富水体空间景观。种植低矮的灌木，以遮挡河池驳岸，使池岸含蓄、自然、多变，并创造丰富的花本景观。

种植高大乔木，主要创造水岸立面景色和水体空间景观对比构图效果，同时获得生动的倒影景观。也可适当点缀亭、榭、桥、架等建筑小品，进一步增加水体空间景观内容和游憩功能。

十、攀缘植物种植设计

（一）设计形式

1. 附壁式

攀缘植物种植设计于建筑物墙壁或墙垣基部附近，沿着墙壁攀附生长，创造垂直立面绿化景观。这是占地面积最小，而绿化面积大的一种设计形式。根据攀缘植物习性不同，又分直接贴墙式和墙面支架式两种。

（1）直接贴墙式是指将具有吸盘或气生根的攀缘植物种植于近墙基地面或种植台内，植物直接贴附于墙面，攀缘向上生长，如地锦（爬墙虎）、五叶地锦（美国地锦）、凌霄、薜荔、络石、扶芳藤等。

（2）墙面支架式是指植物没有吸盘或气根，不具备直接吸附攀缘能力，或攀附能力较弱时，在墙面上架设攀缘支架，供植物顺着支架向上缠绕攀附生长，从而达到墙壁垂直绿化的目的，如金银花、牵牛花、鸢萝、藤本月季等。

2. 廊架式

利用廊架等建筑小品或设施作为攀缘植物生长的依附物，如花廊、花架等。廊架式通常兼有空间使用功能和环境绿化、美化作用。廊架材料可用钢筋砼、钢材、竹木等。

廊架式植物种植设计，一般选用一种攀缘植物，根据廊或架的大小种植一株或数株于边缘地面或种植台中。若为了丰富植物种类，创造多种花木景观，也可选用几种形态与习性相近的植物，如蔷薇科的多花蔷薇、木香、藤本月季等可配植于同一廊架。

3. 篱垣式

利用篱架、栅栏、矮墙垣、铁丝网等作为攀缘植物依附物的造景形式。篱垣式既有围护防范功能，又能很好地美化装饰环境。因此，园林绿地中各种竹、木篱架、铁栅矮墙等多采用攀缘植物绿化美化。常用植物有金银花、蔷薇、牵牛花、茑萝、地锦、云实、藤本月季、常春藤、绿萝等。

4. 立柱式

攀缘植物依附柱体攀缘生长的垂直绿化设计形式。柱体可以是各种建筑物的立柱，也可以是园林环境中的电信电缆立杆等其他柱体。攀缘植物或靠吸盘、不定根直接附着柱体生长，或通过绳索、铁丝网等攀缘而上，形成垂直绿化景观。常见攀缘植物有美国地锦、凌霄、金银花、络石等。

5. 垂挂式

在建筑物的较高部位设计种植攀缘植物，并使植物茎蔓垂挂于空中的造景形式。如在屋顶边沿、遮阳板或雨篷上、阳台或窗台上、大型建筑物室内走马廊边等处种植攀缘植物，形成垂帘式的植物景观。垂挂式种植须设计种植槽、花台、花箱或进行盆栽。常用植物有迎春、素馨、常春藤、凌霄、五叶地锦、雀梅藤、络石、美国凌霄、炮仗花等。

（二）攀缘植物选择

攀缘植物多种多样，形态习性、观赏价值各有不同。因此，在设计应用时须根据具体景观功能、生态环境和观赏要求等做出不同选择。以绿化覆盖建筑物墙面、遮挡夏季太阳光对墙体照射、降低室内温度为主要功能时，应选择枝叶茂密、攀缘附着能力强的大型攀缘植物，如地锦、五叶地锦、常春藤等；用于夏季庭园遮阳的棚架，最好选择生长健壮、枝叶繁茂的植物，如紫藤、葡萄、三角花等；简易或临时棚架则可选用生长迅速的一年生草本攀缘植物，如丝瓜等，更为经济实用。园林景观生态环境各种各样，不同植物对生态环境要求也不相同。

因此，设计时要注意选择适生攀缘植物。如墙面绿化，向阳面要选择喜光耐旱的植物；而背阴面则要选择耐阴植物。南方多选用喜湿树种，北方则必须考虑植物的耐寒能力。以美化环境为主要种植目的，则要选择具有较高观赏价值的攀缘植物，并注意与攀附的建筑、设施的色彩、风格、高低等配合协调，以取得较好的景观效果。如灰色、白色墙面，选用秋叶红艳的植物就较为理想。要求有一定彩化效果时，多选用观花植物，如多花蔷薇、三角花、凌霄、紫藤等。

第八章 园林水景设计

第一节 园林水景的概述

水是生命的源泉，是一切生命有机体赖以生存之本。中国传统园林历来崇尚自然山水，并受传统哲学思想影响，认为水是园林之血脉，是园林空间艺术创作的重要元素。水不仅构成多种格局的园林景观，更是让园林因水而充满生机和灵性。水池、湖泊、溪流、瀑布、跌水、喷泉等都是园林中常见的水景设计形式，它们静中有动、寂中有声、以少胜多渲染着园林气氛。园林水景工程是园林工程中与理水有关的工程的总称，本节主要对园林水景进行概述。

一、水的基本特征

水是无色、无味的液体，本身无固定的形状，其形状由容器的形状决定。不同大小、形状、色彩和质地的容器，形成形态各异的水景。在园林中进行湖、水池、溪流等水景设计，实质上是对它们的底面（池底）和岸线（池壁）进行设计，如通过溪流底部高差的设计，便可产生不同流动效果的水流。因此说，水景设计本质上是对"盛水容器"进行设计。

（一）动态

水受到盛水容器形状的影响以及重力、风力、压力等外力作用形成各种动态，或静止，或缓流，或奔腾，或坠落，或喷涌。静态的水宁静安谧，能形象地倒映出周围环境的景色，给人以轻松、温和的享受；动态的水灵动而具有活力，令人兴奋和激动。动态水景是景观中的构图重心、视线的焦点，有着引人注目的效果。

（二）色彩

水是无色的透明液体，因其存在于特定的景观环境中，受容器、阳光、周围景物、照明等介质影响，呈现出环境赋予它的各种各样的颜色。水受环境影响表现的色彩使水景与周围的环境很好地融合。

（三） 声响

水流动、落下或撞击障碍物时都会发出声响，改变水的流量及流动方式，可以获得多种多样的音响效果，同时水声可直接影响人的情绪，能使人平静、温和，也可使人激动、兴奋。

（四） 光影

在光线的作用下，水可以通过倒影反映出周围的景物，并随着环境的变化而改变影像。当水面静止时，反映的景物清晰鲜明；当水面被微风拂过，荡起涟漪时，原本清晰的影像即刻破碎化为斑驳色彩。如同抽象派绘画一样，现代水景与照明结合，使水的光影特征表现得淋漓尽致。

二、园林水景的基本表现

水景在园林景观中表现的形式多样。一般根据水的形态分类，园林水景有以下几种类型：

（一） 静水

园林中以片状汇聚水面的水景形式，如湖、池等。其特点是宁静、祥和、明朗。园林中静水主要起到净化环境、划分空间、丰富环境色彩、增加环境气氛的作用。

（二） 流水

被限制在特定渠道中的带状流动水系，如溪流、河流等，具有动态效果，并因流量、流速、水深的变化而产生丰富的景观效果，园林中流水通常有组织水系、景点，联系园林空间，聚焦视线的作用。

（三） 落水

落水指水流从高处跌落而产生的变化的水量形式，以高处落下的水幕、声响取胜。落水受跌落高差、落水口的形状影响而产生多种多样的跌落方式，如瀑布、壁落等。

（四） 压力水

水受压力作用，以一定的方式、角度喷出后形成的水姿，如喷泉。压力水往往表现较强的张力与气势，在现代园林中常布置于广场或与雕塑组合。

三、水景在园林中的作用

（一）景观作用

水是园林的灵魂，水景的运用使园林景观充满生机。由于水的千变万化，在组景中常用于借水之声、形、色以及利用水与其他景观要素的对比、衬托和协调，构建出不同的富有个性化的园林景观，在整体景观营造中，水景具有以下作用：

1. 基底作用

大面积的水面视野开阔、坦荡，能衬托出岸畔和水中景观。即使水面不大，但水面在整个空间中仍有面的感觉时，水面仍可作为岸畔和水中景观的基面，产生岸畔和景观的倒影，扩大和丰富空间。

2. 系带作用

水面具有将不同的园林空间、景点连接起来产生整体感的作用，通过河流、小溪等使景点联系起来称为线形系带作用，而通过湖泊池塘的岸边联系景点的作用则称之为面形系带作用。

3. 焦点作用

水景中喷泉、跌落的瀑布等动态形式的水的形态和声响能引起人们的注意，吸引人们的视线。此类水景通常安排在景观向心空间的焦点、轴线的交点、空间醒目处或视线容易集中的地方，以突出其焦点作用。

（二）生态作用

水是地球万物赖以生存的根本，水为各种动植物提供了栖息、生长、繁衍的条件，维持水体及其周边环境的生态平衡，对城市区域生态环境的维持和改造起到了重要的作用。

（三）休闲娱乐作用

人类本能地喜爱水，接近、触摸水都会感到舒心愉快。在水上还能开展多项娱乐活动，如划船、游泳、垂钓等。因此，在现代景观中，水是人们消遣娱乐的一种载体，可以带给人们无穷的乐趣。

（四）蓄水、灌溉及防灾作用

园林水景中，大面积的水体可以在雨季起到蓄积雨水的作用。特别是在暴雨来临、山洪暴发时，要求及时排除或蓄积洪水，防止洪水泛滥成灾。到了缺水的季节再将所蓄之水有计划地分配使用，可以有效节约城市用水。

四、景观水设计的基本原则

（一）功能性原则

园林水景的基本功能是供人观赏，它必须是能够给人带来美感，使人赏心悦目的。水景也有戏水、娱乐的功能。随着水景在住宅领域的应用，人们已不仅满足观赏水景要求，更需要的是亲水、戏水的感受，因此出现了各种戏水池、旱喷泉、涉水小溪、儿童戏水泳池等，从而使景观水体与戏水娱乐水体合二为一，丰富了景观的使用功能。

水景还有调节水气候的功能。小溪、人工湖、各种喷泉都有降尘净化空气、调节湿度的作用，尤其是能明显增加环境中的负氧离子浓度，使人感到心情舒畅，具有一定的保健作用。

（二）整体性原则

水景是工程技术与艺术设计结合的作品。一个好的水景作品，必须要根据它所处的环境氛围要求进行设计，要研究环境的要求，从而确定水景的园林景观设计视觉元素应用形式、形态、平面及立体尺度，实现与环境相协调，形成和谐的量、度关系，构成主景、辅景、近景、远景的丰富变化。

（三）艺术性原则

水景的创作应满足艺术性要求，不同形式的水景表达的园林意境有自然美和人工美。美国造园学家格兰特提出飘积理论，认为自然力具有飘积作用，流水作为一种自然力，也具有这种飘积作用，所以河道弯曲、河岸蜿蜒而具有流畅的自然线势，这是自然美的极致。水景设计的艺术性就是要深入理解水的本质、水的艺术形式等。

（四）经济性原则

水景设计不仅要考虑功能性、艺术性要求，同时也要考虑水景运行的成本，不同的景观水体、不同的造型、不同的水势形成的水景，其运行的经济性是不同的。如循环水系可节约用水；利用地势和自然水系不仅可节约水，还可节约动力能源。在当前节约型社会的发展背景下，水景设计的经济性是衡量水景设计的一个重要指标。

五、水景设计的要点

进行水景设计时，应该注意以下几点：

（一）明确水景的功能要求

水景除了作为观赏之外，还有其他相应的功能作用，如提供活动场所，为植物生长提供条件，蓄水、防火、防旱等。设计时，必须根据景观特点和功能要求，确定相应的水面面积大小，水的深度，配置相应的水质、水量的控制设施，以确保水的安全使用与生物生长条件。

（二）合理安排水的去向与使用

地面排水应尽量采用向水景容水区排放的方法，水景的水尽可能循环使用，也可以根据地形地貌的特点，经济地组织水流的流向和再生使用。

（三）做好防水层、防潮层的设计处理

有些水景观，会发生有害的污水、漏水、透水现象，甚至危及邻近的建筑、设施。为此，必须充分估计这种危害性，在设计中必须采用相应的构造措施，以防止各种有害现象的发生。

（四）妥善处理管线

在水景设计中，往往因水的供给、排除和处理，出现各种管线。必须正确设置这些管线，合理安置位置，尽量采取隐蔽处理，以营造较好的景观形象。

（五）注意冬季的结冰现象

在寒冷的地区，设计时应考虑冬季中水结冰的问题，采取相应的措施。例如大水面结冰后作为公共娱乐活动场所，应设置保护措施；为了防止水管被冻裂而将水放空，还应考虑池底的装饰铺地构造做法。

（六）可以采用水景照明的措施

使用灯光照明，尤其是动态水景的照明，可以在夜间获得很有特色的景观效果。

六、水景设计的步骤与工作内容

（一）明确规划规定与设计要求

通过园林规划设计文件、设计任务书、建造方的介绍，明确园林规划中对水景设计的原则规定，了解设计任务书的具体要求，了解园林建造方的意图。

（二）实地调查

通过对建造地的实地踏勘调查，了解地形的现状、水系山系的布局情况、地物的分布情况。必要时应该进行测绘工作。

（三）方案的设计

根据所了解到的实际情况和规划的规定、设计任务书的要求、建造方的意图，对照相应的设计规范与地方政策规定，进行艺术构思，进行方案设计。

根据水源的供给情况和水景的规划规定，选择水景的平面布局形式、水景的类型及相应的水面面积大小，确定水景在各个景点中的特色定位，然后确定相应的园路系统，配置有关的其他构景要素。

根据方案设计的构思，绘制相应的平面图、效果图等图样，编写设计说明与概算书，必要时应制作相应的模型。

设计方案应送交有关部门和人员审核评估。

对于大型的或主要的水景工程，还应进行技术设计，以深化和扩大方案初步设计的内容。

（四）施工图设计

经评价批准或经修改核准后的设计方案，才可以进行施工图设计。

施工图设计主要是绘制或编制施工用的设计图样和设计文件，所以必须正确、详细，必须让有关施工人员看得懂和做得出。

施工图样有平面布置图、剖面图、节点详图、套用的标准图。对于难以用图样表达的设计内容，可以借助于模型来表示。

第二节　静水的设计

静水是指园林中成片汇集的水平面，它常以湖、塘、池等形式出现。静水具有安静祥和的特点，它能反映出周围景物的倒影，而倒影又赋予静水以特殊的景观，给人丰富的联想。在色彩上，静水可以映射周围环境的季相变化；在风吹动下，静水产生波纹或层层的浪花；在光线下，除产生倒影之外，还可形成逆光、反射等光形变化，都会使波光色彩缤纷，给庭园或其他景物带来无限的光韵和动感。

一、静水的造景应用原则

（一）规则式静水

规则式静水一般采用水池的形式，规则式水池一般设在台地之中，常用人工开凿。多作主景处理，多应用于规则式庭园、城市广场及建筑物的外环境修饰中。水池的位置设置于建筑主立面前方，或广场与庭园的中心，作为主要视线中的一个重要景物。

水池的面积应与所处的环境相协调，其长与宽一般依物体大小及映射的大小决定。水深映射效果较好。同时可养殖观赏鱼类，以增加水的观赏趣味，并起到防止蚊虫的作用。浅水池底可设图案或特别材料式样来表现一定的视觉趣味。水池的水面或高于地面或低于地面，由景观需要而定。在有霜冻冰冻地区，池底面不应高于地面，应处于地面以下。

水池的水体应有正常的水源，以确保水池中有一定存水。水池应设相应的净化措施。底部应设排污管，壁上部设泄水管，则可清洗水池和限定水位。

池的四周可以人工铺装，也可以布置绿地植物，地面略向池的一侧倾斜，可获得较好的美观形象。

（二）自然式静水

自然式静水是一种模仿自然的造景手段，强调水际线的变化，有一种天然野趣的意味。按其面积的大小，习惯上称为湖、塘、池、潭等。

自然式静水以其不规则的形状，使景观空间产生一种轻松悠闲的感觉，适合自然式庭园或乡野风格的景区置景。自然式静水一般多为改造原有的自然水体，采用泥土、山石或植物收边。人造自然式静水，尤其是水池，应将水泥或堆砌痕迹遮隐，突出天然的趣味。在设计中应多模仿自然湖海，岸边的构筑、植物的配置、附属景物的运用，务必求得自然的韵味。

自然式静水的形状、大小、构筑材料的方法，因所处的地势、地质、水源及使用要求等不同而有很大的差别。如用作划船，则以每只游船所需 $80\sim85\text{m}^2$ 计算水面面积；用作滑冰，则以每人拥有 $3\sim5$ m^2 水面计算。

园林湖池的水深一般不为均一水平，底部常呈锅底状。距设有栏杆的岸边、桥边近 $1\,600\sim2\,000\text{mm}$ 的带状范围内，要设计安全水深，即水深不超过 700mm。在湖的中部及其他部分，水深可控制在 $1\,200\sim1\,600\text{mm}$。对于庭园中的观赏水池，水深设计为 700mm 左右，可在其中栽植水生植物，或饲养观赏鱼，或水中置石设泉、设瀑等。

自然式静水一般使用天然水源注水，并应做好防污水入侵和多余水量的排泄措施，以保证较好的水质和稳定的水位。

自然式静水做游泳或溜冰，或相应的休憩、眺望、活动等场所与设施时，在设计中应一起考虑，以便同时建造和配置。

为避免静水平面的平坦过渡而显单调，可在水面的适当位置设置小岛，并在岛上植树设亭建榭，或在水边建榭造舫置小品，以丰富水面的观赏内容。

二、水池

（一） 水池概述

水池在园林中的用途广泛，可用于广场中心、道路尽端，也可以和亭、廊、花架等建筑、小品组合形成富于变化的各种景观效果。常见的喷水池、观鱼池及水生植物种植池等都属于这种水体类型，水池平面形状和规模主要取决于园林总体规划以及详细规划中的观赏与功能要求。

（二） 水池设计

水池设计包括平面设计、立面设计、剖面结构设计、管线设计等。

1. 水池的平面设计

水池平面设计显示水池在地面以上的平面位置和尺寸，水池平面设计必须标注各部分的高程，标注进水口、溢水口、泄水口、喷头、集水坑、种植池等的平面位置以及所取剖面的位置。

2. 水池的立面设计

水池立面设计反映立面的高度和变化，水池的深度一般根据水池的景观要求和功能要求设计。水池的池壁顶面与周围的环境要有合适的高程关系，一般以最大限度地满足游人的亲水性要求为原则。池壁顶除了使用天然材料，表现自然形式外，还可用规整的形式，加工成平顶或挑伸、中间折拱或曲拱、向水池一面倾斜等多种形式。

3. 水池的剖面设计

水池剖面设计应从地基至壁顶，注明各层的材料和施工要求。剖面应有足够的代表性，如一个剖面不足以说明设计细节时，可增加剖面。

4. 水池的管线设计

水池中的基本管线包括给水管、补水管、泄水管、溢水管等，有时给水与补水管道使用同一根管子。给水管、补水管和泄水管为可控制的管道，可控制水的进出。溢水管为自由管道，不加闸阀等控制设备以保证自由溢水。对于循环用水的溪流、跌水、瀑布等还包括循环管道，对配有喷泉、水下灯光的水池还应该包括供电系统设计。

管线设计的具体要求：

（1）一般水景工程的管线可直接敷设在水池内或直接埋在土中。大型水景工程中，如果管线多而且复杂时，应将主要管线布在专用管沟内。

（2）水池设置溢水管，以维持一定的水位和进行表面排污，保持水面清洁。溢水口应设格栅或格网，以防止较大漂浮物堵塞管道。

（3）水池应设泄水口，以便于清扫、检修和防止停用时水质腐败或结冰，池底都应有不小于1%的坡度，坡向泄水口或集水坑。水池一般采用重力泄水，也可利用水泵的吸水口兼作泄水。

（4）在水池中可以布置卵石、汀步、跳水石、跌水台阶、置石、雕塑等景观小品，共同组成景观。池底装饰可利用人工铺砌砂土、砾石或钢筋混凝土池底，再在其上选用池底装饰材料。

（三）水池施工技术

目前，园林中人工水池从结构上可以分为刚性结构水池、柔性结构水池两种。不同结构的水池，施工要求不同。

1. 刚性水池施工技术

刚性结构水池施工也称钢筋混凝土水池，池底和池壁均配钢筋，寿命长、防漏性好，适用于大部分水池。

（1）施工准备

①配料准备。水池基础与池底一般采用C20混凝土，池底与池壁多用C15混凝土，根

据混凝土型号准备相应配料。另根据防水设计准备防水剂或防水卷材。配料准备时，注意池底池壁必须采用 425 号以上普通硅酸盐水泥，且水灰比不大于 0.55，粒料直径不得大于 40mm，吸水率不大于 1.5%，混凝土抹灰和砌砖抹灰用 325 号水泥或 425 号水泥。

②场地放线。根据设计图纸定点放线。放线时水池的外轮廓应包括池壁厚度。为施工方便，池外沿各边加宽 50cm，用石灰或黄沙放出起挖线，每隔 5~10m（视水池大小）打一小木桩，并标记清楚。方形、长方形水池的直角处要校正，并最少打三个桩；圆形水池应先定出水池的中心点，再用线绳（足够长）以该点为圈心，水池宽的一半为半径（注意池壁厚度）画圆，石灰标明，即可放出圆形轮廓。

（2）池基开挖

挖方有人工挖方和人工结合机械挖方，可以根据现场施工条件确定挖方方法。开挖时一定要考虑池底和池壁的厚度。如为下沉式水池，应做好池壁的保护。挖至设计标高后，池底应整平并夯实，再铺上一层碎石、碎砖作为垫层。如果池底设置有沉泥池，应结合池底开挖同时施工。

池基挖方会遇到排水问题，常用基坑排水，这是既经济又简易的排水方法，即沿池边挖成临时性排水沟，并每隔一定距离在池基外侧设置集水井，再通过人工或机械抽水排出。

（3）池底施工

混凝土池底，如其形状比较规整，则 50m 内可不做伸缩缝；如其形状变化较大，则在其长度约 20m 并断面狭窄处做伸缩缝。一般池底可根据景观需要，进行色彩上的变化，如贴蓝色的面层材料等，以增加美感。混凝土池底施工要点如下：

①依基层情况不同分别处理。如基土稍湿而松软时，可在其上铺以厚 10cm 的碎石层，并夯实，然后浇灌混凝土垫层。

②混凝土垫层浇完隔 1~2 天（应视施工时的温度而定），在垫层面测量确定底板中心，然后根据设计尺寸进行放线，定出柱基以及底板的边线，画出钢筋布线，依线绑扎钢筋，接着安装柱基和底板外围的模板。

③在绑扎钢筋时，应详细检查钢筋的直径、间距、位置、搭接长度、上下层钢筋的间距、保护层及埋件的位置和数量是否符合设计要求，上下层钢筋均应用铁撑（铁马凳）加以固定，使之在浇捣过程中不发生变化。

④底板应一次连续浇完，不留施工缝。如发现混凝土在运输过程中产生初凝或离析现象，应在现场进行二次搅拌后方可入模浇捣。底板厚度在 20cm 以内，可采用平板振动器，20cm 以上则采用插入式振动器。

⑤池壁为现浇混凝土时，底板与池壁连接处的施工缝可留在基础上 20cm 处。施工缝

可留成台阶形、凹格形、加金属止水片或遇水膨胀橡胶带。

（4）水池池壁施工技术

人造水池一般采用垂直形池壁。垂直形的优点是池水降落之后，不至于在池壁淤积泥土，从而使低等水生植物无从寄生，同时易于保持水面洁净。垂直形的池壁可用砖石或水泥砌筑，以瓷砖、罗马砖等饰面，甚至做成图案加以装饰。

①混凝土浇筑池壁施工技术。混凝土池壁，尤其是矩形钢筋混凝土池壁，应先做模板固定。模板固定有无撑支模及有撑支模两种施工方法，以有撑支模为常用方法。当池壁较厚时，内外模可在钢筋绑扎完毕后一次立好。操作人员可进入模内振捣混凝土，也可应用串筒将混凝土灌入，分层浇捣。池壁拆模后，应将外露的止水螺栓头割去。

②混凝土砖砌池壁施工技术。混凝土砖厚10cm，结实耐用，常用于池塘建造，混凝土砖砌筑池壁简化了池壁施工的程序，但混凝土砖一般只适用于古典风格或设计规则的池塘。池壁可以在池底浇筑完工后的第二天再砌。施工时，要趁池底混凝土未干时将边缘处拉毛。池底与池壁相交处的钢筋要向上弯伸入池壁，以加强结合部的强度。另外，砌混凝土砖时要特别注意保持均匀的砂浆厚度，也可采用大规格的空心砖，使用空心砖时，中心必须用混凝土填埋，有时也用双层空心砖墙，中间填混凝土的方法来增加池壁的强度。

（5）池壁抹灰施工技术

抹灰在混凝土及砖结构的水池施工中是一道十分重要的工序，它使池面平滑，不会伤及池壁，而且池面光滑也便于清洁工作。

①池壁抹灰施工要点。内壁抹灰前2d应将池壁面扫清，用水洗刷干净，并用铁皮将所有灰缝刮一下，要求凹进1~1.5cm。采用325号普通水泥配制水泥砂浆，配合比1:2。可掺适量防水粉，搅拌均匀，在抹第一层底层砂浆时，应用铁板用力将砂浆挤入砖缝内，增加砂浆与砖壁的黏结力。底层灰不宜太厚，一般在5~10mm。第二层将坡面找平，厚度5~12mm。第三层面层进行压光，厚度2~3mm。砖壁与钢筋混凝土底板结合处，应加强转角抹灰厚度，使呈圆角，防止渗漏，外壁抹灰可采用1:3水泥砂浆。

②钢筋混凝土池壁抹灰要点。抹灰前将池内壁表面凿毛，不平处铲平，并用水冲洗干净，抹灰时可在混凝土表面上刷一遍薄的纯水泥浆，以增加黏结力，其他做法与砖壁抹灰相同。

（6）压顶

规则水池顶上应以砖、石块、石板、大理石或水泥顶制板等作压顶，压顶或与地面平，或高出地面，当压顶与地面平时，应注意勿使土壤流入池内，可将池周围地面稍向外倾。有时在适当的位置上，将顶石部分放宽，以便容纳盆钵或其他摆饰。

（7）试水

试水工作应在水池全部施工完成后进行，其目的是检验结构安全度，检查施工质量。试水时应先封闭管道孔，由池顶放水入池。一般分几次进水，根据具体情况，控制每次进水高度。从四周上下进行外观检查，做好记录，如无特殊情况，可继续灌水到储水设计标高，同时要做好沉降观察。

灌水到设计标高后，停1d，进行外观检查，并做好水面高度标记，连续观察7d，外表面无渗漏及水位无明显降落方为合格。

2. 柔性结构水池施工

随着新建筑材料的出现，水池的结构也可采用柔性材料。这类水池常采用玻璃布沥青席、三元乙丙橡胶（EPDM）薄膜、再生橡胶薄膜池、油毛毡作为防水材料，具有造型好、易施工、速度快、成本低等优点。

（1）玻璃布沥青席水池

施工前先准备好沥青席。方法是以沥青0号、3号按2：1比例调配好；再按沥青30%、石灰石矿粉70%的配比，且分别加热至100℃，将矿粉加入沥青锅拌匀；把准备好的玻璃纤维布（孔目8mm×8mm或者10mm×10mm）放入锅内蘸匀后慢慢拉出，确保黏结在布上的沥青层厚度在于2~3mm；拉出后立即洒滑石粉，并用机械碾压密实，每块席长40m左右。

施工时，先将水池土基夯实，铺300mm厚灰土（3：7）保护层，再将沥青席铺在灰土层上，搭接长5~100mm，同时用火焰喷灯焊牢，端部用大块石压紧，随即铺小碎石一层。再在表层散铺150~200mm厚卵石一层即可。

（2）三元乙丙橡胶（EPDM）薄膜水池

EPDM薄膜类似于丁基橡胶，是一种黑色柔性橡胶膜，厚度为3~5mm，能经受−40℃~80℃的温度，使用寿命可达50年，自重轻，不漏水，施工方便，特别适用于大型展览临时布置水池和屋顶花园水池。建造EPDM薄膜水池，要注意衬垫薄膜与池底之间必须铺设一层保护垫层，材料可以是细砂（厚度>5cm）、合成纤维等。铺设时，先在池底混凝土基层上均匀地铺一层5cm厚的沙子，并洒水使沙子湿润，就可铺EPDM衬垫薄膜，注意薄膜四周至少多出池边15cm。

三、人工湖的工程设计

人工湖是主要以人工的方式开挖、扩展或改建原有湖泊的水体。人工湖是创造较大水面，创造碧波万顷、烟波浩渺等壮丽景观的重要手段。

（一）人工湖的平面设计

1. 平面位置的确定

根据规划规定和设计任务书的要求，确定人工湖的平面位置，是人工湖设计的首要问题。中国许多著名的园林，均以水体为中心，四周环以假山和亭台楼阁，显得环境幽雅、主题风格突出，充分发挥了人工湖的作用。

人工湖的方位、大小、形状均与园林整体布局、目的、性质密切相关。在以水景为主题的园林中，人工湖的位置应居于全园的重心，水体面积相对较大，湖岸线变化丰富。

2. 人工湖水面性质的确定

人工湖水面的性质依湖面在整个园林中的性质、作用、地位而有所不同。以湖面为主景的园林，往往使大的水面居于园的中心，沿岸环以假山和园林建筑，大小水面以桥连接，或水面中建岛、置石，以便空间开阔、层次深远。

3. 人工湖的平面形状构图

当确定了人工湖的设置位置和水面性质后，就可以进行人工湖的平面功能分析和组景构思，之后才可以进行平面形状的构图设计。

人工湖的平面形状的构图设计，主要是进行湖岸线的设计，以指定湖的具体形状和湖面区域划分。人工湖的湖岸线可为规则的几何线，或为自然的自然曲线，或两者共用。主要以满足功能要求和景观布局需求为目标。

在构图设计中，必须密切结合地形的变化进行设计，力争因地制宜，还可以极大地降低工程造价。

（二）人工湖基地对土壤的要求

人工湖的平面设计完成后，就要对拟挖湖所及的区域进行探测，为以后的技术设计或施工图设计做准备。对土壤的探测一般采用钻探的方法，钻孔之间的最大距离不得超过100m。通过钻孔探查可获得地质土层构成情况和地下水的标高数据。

对于地下水位过低、水资源缺乏的区域，必须认真考虑地质土层的组成情况。对于各种土壤有以下相应的处理方式：

（1）黏土、砂质黏土，因其土质细密、土层深厚、渗透系数小于 $0.006 \sim 0.009 \mathrm{m/s}$，为最适合挖湖的土质类型。

（2）以砾石为主，黏土夹层结构密实的地段，也适宜挖湖。

（3）砂土、卵石等容易渗水，应尽量避免在其中挖湖。如漏水不严重，应探明湖的设计位置底部的透水层深浅情况，采取相应的截水墙或用人工铺垫隔水层等工程措施。

（4）基地为淤泥或草煤层等软松层时，必须将其全部挖除，并做好周边的挡土保护坡。

（5）湖岸基地的土壤必须坚实，并且单纯的黏土不能作为湖的驳岸。

（三）人工湖底防渗漏的构造措施

在水资源十分缺乏的地区，在相关部门的允许之下，可以对渗水严重的湖底做如下的构造处理：

（1）灰土层湖底。当湖的基土防水性能较好时，可在湖底做二灰土，并间距20m设一道伸缩变形缝。

（2）聚乙烯薄膜防水层湖底。当湖底渗漏程度中等时，可采用此法。这种方法不但造价低，而且防渗效果好，但铺膜前必须做好底层处理。

（3）混凝土湖底。当湖底面积不大、防渗漏要求又很高时，可采用混凝土的结构形式。当然，此法成本较高。

第三节　动水的设计

动水是相对静水而言的，一般指溪流、泉水、瀑布、喷泉之类的水景景观。动水水景景观的存在，必须有充足的水源保证，才能形成动态的有声有色的景观效果。

一、溪流

溪流是园林水景中一种重要的表现形式，它不仅能使人有活跃的美感，而且能加深各景物间的层次，使景物丰富而多变。溪流的平面形状有弯曲多姿、宽窄多变的特点，形成多种的流水形态。

设计时，可以结合具体的地形变化。与建筑结合，与植物种植结合，与山石配置结合，甚至通过流水的冲击形成特殊的音响，从而使游人产生悬念，能达到较好的景观效果。

溪流的纵向坡度、横向断面大小，是决定水流速度的主要因素，即坡度大、断面小，则水的流速快，反之相反。水流速度大则对溪岸的冲刷大。土质黏重而不崩溃可直接做河岸，并宜在岸边栽植细草。对石质沟槽可直接做溪岸。

溪流上游坡度宜大，下游宜小。在坡度大的地方放置大石块、坡度小的地方放置砾砂。决定坡度的大小因素一般为给水量的多少,给水量少则坡度大,给水量多则坡度可小一些。坡地的坡度一般依地形而成自然形态,平地的坡度不宜小于 0.5%,并且水流的深度宜为 160~360mm。溪流中水流的宽度,则依水流的总长和相应的景物比例恰当而定。

二、泉水

天然的泉是指水在重力与压力作用之下从山体缝隙中渗透而聚积成的水。这种泉,在园林中称为山泉。对于山泉,只要因势利导地稍加调整,就能事半功倍,取得极好的天然景观效果。

如果泉水从池中、溪底往上冲出,涌向水面则被称为涌泉。留置适当的水面面积和设置适当的平面形状,让涌泉展示在人们的观赏视线的焦点之中,这也是设置天然水景的一种方式。

采用人工的方式,取人工水源,可以组筑壁泉、石泉、雕塑泉、竹筒泉等水景。人工泉的水体出水处必须认真处理,以隐蔽埋设为宜,最忌将出水管道直接暴露在外。宜用相应的景观材料遮掩处理。

三、跌水

跌水是指水流从高向低呈台阶状分级跌落的动态水景。

跌水原是一种自然界的落水现象,可以作为防止水冲刷下游的重要工程设施,也可以作为连续落水组景的方法。所以,跌水应选址于坡面较陡、易被冲刷或有景点需要设置的地方。

跌水的形式多种多样,就其落水的形态来分,一般将跌水分为单级式跌水、二级式跌水、三级式跌水、多级式跌水、悬臂式跌水、陡坡跌水等。

设计跌水景观时,首先,要分析设景地的地形条件,重点为地势高低变化、水源水量情况及周围的景观空间等,据此选择跌水的位置。其次,确定跌水的形式,水最大、落差大,常作单级跌水;水最小、地形具有台阶状落差,可选用多级跌水。自然式的跌水布局,应结合泉、水池等其他水景综合考虑,并注重利用山石、树木、藤本隐蔽供水或排管道,增加自然气息,丰富立面层次。

四、喷泉工程

(一) 喷泉工程概述

喷泉是利用压力使水从喷头中喷向空中、再自由落下的一种动态水景工程,具有壮观的水姿、奔放的水流、多变的水形。喷泉作为动态水景，丰富城市了景观。喷泉对其一定范围内的环境质量还有改良作用，它能够增加局部环境中的空气湿度，并增加空气中负氧离子的浓度，减少空气尘埃，有益于人们的身心健康。随着技术的进步，出现了以下多种造型喷泉形式。

1. 程控喷泉

将各种水型、灯光，按照预先设定的排列组合进行控制程序的设计，通过程序控制器发出控制信号，使水型、灯光实现多姿多彩的变化。程控喷泉的主要组成包括喷头、管网、动力设备、程序控制器、电磁阀等。

2. 音乐喷泉

是在程序控制喷泉的基础上加入音乐控制系统，计算机通过对音频及 MIDI 信号的识别，进行译码和编码，最终将信号输出到控制系统，使喷泉及灯光的变化与音乐保持同步，从而达到喷泉水型、灯光及色彩的变化与音乐情绪的完美结合，使喷泉表演更生动，更加富有内涵。

3. 旱泉

喷泉系统置于地下，表面饰以光滑美丽的铺装，铺设成各种图案和造型。水花从地下喷涌而出，在彩灯照射下，地面犹如五颜六色的镜面，将空中飞舞的水花映衬得无比娇艳，使人流连忘返。停喷后，不阻碍交通，可照常行人，适于宾馆、饭店、商场、大厦、街景小区等。旱泉也称旱喷，需要注意的是设计喷泉水压时应充分考虑游人的安全。

4. 跑泉

跑泉是由计算机控制数百个喷水点，随音乐的旋律高速喷射，或瞬间形成排山倒海之势，或形成委婉起伏波浪式，或组成其他水景，衬托景点的壮观与活力，适于江、河、湖、海及广场等宽阔的地点。

5. 室内喷泉

布置于室内的小型水池喷泉，多采用程控或实时声控方式运行。娱乐场所可采用实时声控，伴随着优美的旋律，水景与舞蹈、歌声同步变化，相互衬托，使现场的水、声、光、色达到完美的结合，极具表现力。

6. 层流喷泉

又称波光喷泉，采用特殊层流喷头，将水柱从一端连续喷向固定的另一端，中途水流不会扩散，不会溅落。白天，层流喷泉就像透明的玻璃拱柱悬挂在天空；夜晚，在灯光照射下，犹如雨后的彩虹，色彩斑斓，适于各种场合与其他喷泉相组合。

7．趣味喷泉

以娱乐、增加趣味性为目的的喷泉，如子弹喷泉、鼠跳泉、喊泉，适于公园、旅游景点等，具有极强的娱乐功能。

8．激光喷泉

配合大型音乐喷泉设置一排水幕，用激光成像系统在水幕上打出色彩斑斓的图形、文字或广告，既渲染美化了空间又起到宣传、广告的效果，适于各种公共场合，具有极佳的营业性能。

9．水幕电影

水幕电影是通过高压水泵和特制水幕发生器，将水自上而下，高速喷出，雾化后形成扇形"银幕"，由专用放映机将特制的录影带投射在"银幕"上，形成水幕电影。当观众在观摩电影时，扇形水幕与自然夜空融为一体。当人物出入画面时，好似人物腾起飞向天空或自天而降，产生一种虚无缥缈和梦幻的感觉，令人神往。

（二）喷泉布置要点

选择喷泉位置首先考虑喷泉的主题、形式，要与环境相协调。在一般情况下，喷泉的位置多设于建筑、广场的轴线焦点或端点处；其次，喷泉宜安置在避风的环境中以保持水型。

喷水池的形式有自然式和规则式，可以居于水池中心，组成图案，也可以偏于一侧或自由地布置，并根据喷泉所在地的空间尺度来确定喷水的形式、规模及喷水池的大小比例。

（三）常用的喷头种类

喷头是喷泉的主要组成部分，它的作用是把具有一定压力的水变成各种预想的、绚丽的水花喷射出来。因此，喷头的形式、质量和外观等，都对整个喷泉的艺术效果产生重要的影响。

喷头因受水流的摩擦一般多用耐磨性好、不易锈蚀、又具有一定强度的黄铜或青铜制成。为了节省铜材，近年来亦使用铸造尼龙制造喷头，这种喷头其有耐磨、自润滑性好、加工容易、轻便、成本低等优点；缺点是易老化、使用寿命短、零件尺寸不易严格控制等。目前，国内外经常使用的喷头式有以下类型：

（1）单射流喷头

单射流喷头是压力水喷出的最基本的形式，也是喷泉中应用最广的一种喷头，它不仅可以单独使用，也可以组合使用，能形成多种样式的喷水型。

（2）喷雾喷头

喷雾喷头是喷头内部装有一个螺旋状导流板，使水流做圆周运动，水喷出后，形成细细的弥漫的雾状水流。

（3）环形喷头

环形喷头是喷头的出水口为环形断面，即外实内空，使水形成集中而不分散的环形水柱，它以雄伟、粗犷的气势跃出水面，带给人们奋发向上的气氛。

（4）旋转喷头

旋转喷头是利用压力水由喷嘴喷出时的反作用力或其他动力带动回转器转动，使喷嘴不断地旋转运动，从而丰富了喷水造型，喷出的水花或欢快旋转或飘逸荡漾，形成各种扭曲线形，婀娜多姿。

（5）扇形喷头

扇形喷头是喷头的外形很像扁扁的鸭嘴，它能喷出扇形的水膜，或像孔雀开屏一样美丽的水花。

参考文献

[1] 李本鑫，史春凤，杨杰峰. 园林工程施工技术：第3版 [M]. 重庆：重庆大学出版社，2021.

[2] 潘天阳. 园林工程施工组织与设计 [M]. 北京：中国纺织出版社，2021.

[3] 孙玲玲. 园林基础工程 [M]. 北京：机械工业出版社，2021.

[4] 杜雪. 景观设计 [M]. 北京：北京理工大学出版社，2021.

[5] 张雅卓. 城市水景观 [M]. 天津：天津大学出版社，2021.

[6] 陈绍宽，唐晓棠. 园林工程施工技术 [M]. 北京：中国林业出版社，2021.

[7] 陈其兵，刘柿良. 风景园林概论 [M]. 北京：中国农业大学出版社，2021.

[8] 张学礼. 园林景观施工技术及团队管理 [M]. 北京：中国纺织出版社，2020.

[9] 张志伟，李莎. 园林景观施工图设计 [M]. 重庆：重庆大学出版社，2020.

[10] 陆娟，赖茜. 景观设计与园林规划 [M]. 延吉：延边大学出版社，2020.

[11] 赵小芳. 城市公共园林景观设计研究 [M]. 哈尔滨：哈尔滨出版社，2020.

[12] 张文婷，王子邦. 园林植物景观设计 [M]. 西安：西安交通大学出版社，2020.

[13] 张鹏伟，路洋，戴磊. 园林景观规划设计 [M]. 长春：吉林科学技术出版社，2020.

[14] 杨琬莹. 园林植物景观设计新探 [M]. 北京：北京工业大学出版社，2020.

[15] 孟宪民，刘桂玲. 园林景观设计 [M]. 北京：清华大学出版社，2020.

[16] 张炜，范玥，刘启泓. 园林景观设计 [M]. 北京：中国建筑工业出版社，2020.

[17] 韦杰. 现代城市园林景观设计与规划研究 [M]. 长春：吉林美术出版社，2020.

[18] 张蓉. 城市绿化景观创意设计研究 [M]. 长春：吉林摄影出版社，2020.

[19] 陈丽，张辛阳. 风景园林工程 [M]. 武汉：华中科技大学出版社，2020.

[20] 沈毅. 现代景观园林艺术与建筑工程管理 [M]. 长春：吉林科学技术出版社，2020.

[21] 李瑞冬. 风景园林工程设计 [M]. 北京：中国建筑工业出版社，2019.

[22] 李寿仁，陈波，陈宇等. 地域性园林景观的传承与创新 [M]. 北京：中国电力出版社，2019.

[23] 胡长龙. 园林规划设计理论篇第3版 [M]. 北京：中国农业出版社，2019.

［24］肖楚田，肖克炎. 海绵城市植物净化与生态修复［M］. 南京：江苏科学技术出版社，2019.

［25］吕敏，丁怡，尹博岩. 园林工程与景观设计［M］. 天津：天津科学技术出版社，2018.

［26］左金富. 生态绿道景观设计研究［M］. 汕头：汕头大学出版社，2018.

［27］周江红. 园林工程施工及设计［M］. 长春：吉林教育出版社，2018.

［28］梁艳，李晶. 园林景观设计基础［M］. 北京：清华大学出版社，2018.

［29］王鹤，王宁，张胜利. 园林景观设计与城市结构规划［M］. 长春：吉林美术出版社，2018.

［30］骆明星，韩阳瑞，李星苇. 园林景观工程［M］. 北京：中央民族大学出版社，2018.

［31］张忠峰. 园林工程与景观设计［M］. 天津：天津科学技术出版社，2018.

［32］栾海霞，王金艳，李加强. 园林景观设计与施工技术研究［M］. 北京：中国建材工业出版社，2018.

［33］杨群，乐华. 园林工程设计［M］. 天津：天津大学出版社，2018.